怎样应用鸡饲养标准与常用饲料成分表

郝正里　王小阳　编著

金盾出版社

内 容 提 要

本书由甘肃农业大学动物科技学院专家编著,旨在指导养鸡专业户正确解析和应用鸡的饲养标准和常用饲料成分表。内容包括:鸡饲养标准的解析与应用,鸡常用饲料成分表的解析与应用,鸡饲粮配方设计,鸡配合饲料及其制作,鸡饲料的质量控制与卫生安全保障。解析清晰,表述通俗,适合中小养鸡场、养鸡专业户及中小饲料厂学习使用,亦可供农业院校相关专业师生阅读参考。

图书在版编目(CIP)数据

怎样应用鸡饲养标准与常用饲料成分表/郝正里,王小阳编著.—北京:金盾出版社,2009.3
ISBN 978-7-5082-5536-1

Ⅰ.怎… Ⅱ.①郝…②王… Ⅲ.①鸡—饲养管理—表②鸡—饲料营养成分—表 Ⅳ.S831

中国版本图书馆 CIP 数据核字(2009)第 013738 号

金盾出版社出版、总发行
北京太平路 5 号(地铁万寿路站往南)
邮政编码:100036 电话:68214039 83219215
传真:68276683 网址:www.jdcbs.cn
封面印刷:北京精美彩色印刷有限公司
正文印刷:北京蓝迪彩色印务有限公司
装订:北京蓝迪彩色印务有限公司
各地新华书店经销

开本:850×1168 1/32 印张:7.125 字数:178 千字
2010 年 10 月第 1 版第 2 次印刷
印数:10 001～16 000 册 定价:13.00 元

前　言

一家一户养十几只乃至二、三十只鸡，每天撒几把小麦或碎米，任鸡在庭院中嬉戏、抛食，用攒下的为数不多的蛋，换一点油盐、针头线脑的情况，如今在农村偏僻处也许仍可见到，但已为数不多。自 20 世纪 80 年代初，我国东部及沿海地区一些城市率先兴建规模化养鸡场以来，商品化养鸡业逐步在城乡形成。如今，养鸡专业户的养殖规模至少是上百只、几百只，养几千只、几万只，甚至十几万只鸡的养殖户已随处可见，规模化养殖技术与经营方式不断地普及、优化。我国养鸡数和鸡蛋产量于 1985 年位居世界之首；1996 年，禽肉产量也名列世界第二。随着鸡蛋、鸡肉供应量日益增大，人们对蛋肉质量、风味的要求不断提高。一些坡地、山林之处，规模较大的散养方式也在发展，且有逐渐增多的趋势。用散养方式生产的鸡肉、鸡蛋获得了越来越多的消费者的青睐，以较高的价格销售，获得丰盈的经济效益。

但不论是密闭式规模化养殖，还是一定规模的散养，都已脱离了那种“撒一把粮食，任鸡啄食、生长、下蛋”的传统模式。高生产水平、高商品率与高经济收益等已是经营者的追求。因此，按鸡的营养需要（即饲养标准）和饲料的营养成分、营养价值设计配方，配制成全价饲料，使饲养科学化，已受到养鸡户的广泛认可。有些大的、专业水平和设备条件较好的养殖场、户，已掌握了配方设计技术，并能生产全价饲料。中、小养殖户多是购买饲料场生产的全价饲料或浓缩饲料。随着饲料价格不断上扬，而迟迟不能摆脱鸡肉、鸡蛋市场疲软，一些中、小养殖户也想自配饲料，以便增加养殖利润。因此，越来越多的养殖者希望能看懂鸡饲养标准、鸡饲料营养成分与营养价值表，了解鸡常用饲料的营养特性，掌握设计饲料配方的方法和饲料配制技术。

这本书正是为帮助这部分养殖户朋友而写。全书分五章。第一章，以中华人民共和国农业行业标准 鸡饲养标准（NY/T 33—2004）为蓝本，全面解析鸡饲养标准；并从饲养标准制定的过程切入，使读者逐步理解与建立正确应用鸡饲养标准的理念。第二章是解析 NY/T 33—2004 所附的几个饲料成分表和鸡常用饲料的氨基酸表观利用率表，并阐述鸡常用饲料的营养特点、饲用特性与质量标准。第三章通过较多的示例，介绍如何根据具体情况与条件，参考饲养标准与饲料成分表中的数据，合理使用饲料原料，采用常用手工计算方法，设计出符合要求的饲粮配方。第四章介绍鸡添加剂预混合饲料、浓缩饲料和全价饲料的配制。第五章从饲料生产、购买、使用等方面，讨论了控制鸡饲料质量与卫生安全的保障措施。

我们期望本书能解决朋友们在该领域经常遇到的主要问题，但限于缺乏与不同类型养殖户直接对话的机会，可能会出现供需错位；另外，自身水平有限，错误之处难免。恭请朋友们多加批评指正，并提出修改的建议。

编　者

2008 年 10 月

目　录

第一章 鸡饲养标准的解析与应用

一、饲养标准的概念与鸡饲养标准的表达

(一)饲养标准的概念

1. 动物能量和养分需要量的推荐值 现今,按饲养标准进行饲养几乎已遍及各种动物的养殖,如牛、羊、马、猪、鸡、鸭、鹅、兔、犬、猫、珍禽、经济动物、实验动物、人工养殖的鱼虾类等。虽然各种动物的饲养标准不同,不能交互使用,它们的基本概念却是一致的。饲养标准是在大量科学试验基础上测出,并经实践验证后提出的,动物对有效能量(消化能、代谢能或净能)和各种营养物质需要量的推荐(或建议)值。翻开任何一种动物的饲养标准,都可看到其表格中列出的是,不同年龄、不同体重、不同生理状况和不同用途与生产水平的动物,对有效能量、粗蛋白质与各种氨基酸、各种矿物质元素(钙、磷、钠等常元素与铁、铜、钴等微量元素)、各种维生素(脂溶性维生素——维生素 A、维生素 D、维生素 E、维生素 K,水溶性维生素——硫胺素、核黄素等 B 族维生素及维生素 C)的需要量建议值。不同动物种的饲养标准列出的营养素种类有明显差别。单胃杂食动物,如猪、鸡、狗、猫和水产动物饲养标准约列出 40 余种营养素,单胃草食动物(马、兔)为 30 种左右,反刍动物(奶牛、肉牛、绵羊,山羊)为 10 多种,反映出单胃动物与反刍动物在营养供给上具有明显不同的特点。

2. 维持需要量与生产需要量 动物持续地进行生命活动,如呼吸、心脏跳动与血液循环、消化、排泄废物、维持体温、蹄角生长

及换毛(羽),以及身体必要的活动。维持这些过程须消耗能量与各种营养物质,这部分需要被称为维持需要。动物为世代延续须繁殖后代,它们生产卵子、精子,卵子受精后着床、胎儿发育、分娩后泌乳、仔畜出生后的生长发育,也必须消耗相应数量的能量和各种营养物质,这部分需要被通称为生产需要;按完成不同性能的需要,又可细分为繁殖需要、泌乳需要、生长需要等。通过长期的人工选育,使某些生命活动在一些动物上得到彰显,成为对人类有益的生产与经济性状,这部分能量与各种营养物质的需要也被归入生产需要。如猪、肉仔鸡的快速生长肥育的需要,绵羊、绒山羊、裘皮羊、毛用兔、皮用兔等产毛或生产裘皮的需要,禽类产蛋的需要,马、牛等耕地、拉车、赛马的需要等。

但是,动物饲养标准建议量大多列出总需要量,制定饲养标准时已将维持需要量与生产需要量加在一起,以方便生产者运用。只有泌乳期乳牛例外。不同品种乳牛具有特定的产奶量及乳脂率的遗传潜力,同品种中个体差异也很大;即使同一头牛,其泌乳期不同阶段的产乳量波动很大,乳脂率也可能有变化。因此,乳牛饲养标准中分别给出了泌乳牛维持需要量(按体重计算)与生产每1千克含不同乳脂率的乳的能量与营养物质需要量;生产者可按所养乳牛的实际情况,分别计算其维持需要与生产乳的需要,二者之和即为该乳牛的总需要量;产一、二胎的乳牛,本身还在生长,故还须在总需要量中计入其生长需要。

3. 饲养标准的科学性与局限性 100多年来,一代代动物营养学家们,采取各种方法与手段,测定不同动物种各生长发育阶段(年龄)的维持与生产(不同生产目的和达到不同生产水平)对有效能量与营养物质的需要量,积累了大量的试验数据,成为制定与不断完善饲养标准(营养需要量)的坚实基础。但是,试验只能用少数动物在相对适宜的条件下进行,而动物品种间、个体间存在一定的差异,动物生活的环境条件也千变万化,按所得到的试验数据推导出的需要量，不能满足所有动物个体在一切环境条件下的需要。科学家们通过试验，找出动物个体间和在不同环境条件下营养需求量的差异范围，在测出的营养需要量上增加一个安全系数(一般为需要量的10%～20%)，就成为营养推荐(建议)量，或称营养供给量，也就是我们通常所说的饲养标准。但是，有些饲养标准，没有加安全系数，为使采用的饲养水平能基本满足整个畜群的需求，同时考虑到饲料营养成分的变化，在应用时可将其适当提高。在本章第三部分中将就安全系数及有关饲养标准应用的其他问题，做较详细的讨论。

但饲养标准毕竟是大量科学试验的产物，是绝大多数情况下期望获得较高养殖成效所必须参考的。欲将它应用好，应对饲养标准制定与表达的方法、能量与各种营养物质需要量间的关系等，有基本的了解，并在此基础上做到既要以饲养标准为依据，又不拘泥于它，使采用的营养供给量能更适合所饲养动物群体的生理状态、生产水平及其所处的环境条件。当然，做到这一点并非易事，但却是我们应致力追求的目标。事实上，恐怕我们永远都不可能绝对地达到这一点，因为畜禽生产潜力、环境条件等都处于不断变化之中，人类总是要跟踪这些变化，持续地进行研究与揭示其规律；但通过努力尽可能接近这个不断攀升的制高点，应是始终不懈的。

(二)鸡饲养标准的表达

营养学家通过试验测定的是每头(只)不同年龄、不同体重、不同生理状态和不同生产水平动物每日所需能量与各种营养物质的数量。但是，在现今动物的饲养标准中，可见两种表达方式：一种是直接列出每头(只)动物每日所需能量与各种营养物质的量，牛、羊、马、狗、猫等的饲养标准是这样的(狗饲养标准采用每千克体重每天需要量)；另一种列出的是饲粮应具有的营养浓度，以百分数或每千克饲粮中的含量表示，鸡、猪、兔、水产动物（鱼、虾、甲壳类）和实验动物（大鼠、小鼠、豚鼠等）的饲养标准均如此。如鸡饲养标准中，能量（代谢能）表示为每千克饲粮中的兆焦耳（MJ/kg）或兆卡（Mcal/kg），微量矿物质元素表示为每千克饲粮中所含的毫克（mg/kg），维生素是以每千克饲粮中含有的国际单位（IU/kg）或毫克（mg/kg）表示，粗蛋白质、各种氨基酸和常量矿物质元素以饲粮的百分数（%）表示。

但是必须认识到，二者实质上为一体，仅表达方式不同。如上述，通过试验测定的是每只鸡每日的维持需要量与生产需要量，但试验中也记录了它们的饲粮（风干或干物质）采食量。如果将每日有效能量或各营养物质的总需要量除以采食量，就可计算出该饲粮应有的有效能量与各养分的浓度。在鸡的饲养标准中，列出了其饲粮应有的有效能量与营养物质浓度，同时还给出了不同年龄与体重、增重的饲粮（及能量）参考喂量；分别将标准中的能量浓度或某养分浓度乘以参考喂量，就得到每日每只鸡应摄入的代谢能或某营养素的绝对量。由此也就明白了，只有在鸡的平均采食量与参考喂量相近情况下，标准中建议的营养浓度才能较好地满足其对代谢能和各种营养物质的绝对需要量。

为使读者进一步理解，以下分别以生长鸡和产蛋鸡为例，来解释每只鸡每日需要量与饲粮营养浓度的换算关系。

例 1，生长鸡的代谢能或某营养物质的总需要量为维持需要量与增重需要量之和。某试验测出白莱航型生长鸡每日的维持代谢能需要量为每千克代谢体重（体重的 0.75 次方，$W^{0.75}$）556 千焦耳（kJ），0～6 周龄阶段平均体重为 194.5 克，故此阶段每只鸡每日维持代谢能需要量为 163 千焦耳（$556\times0.1945^{0.75}$）；同时，测出每克增重需代谢能 14.86 千焦耳，鸡每日平均增重 7 克需 104.02 千焦耳代谢能（14.86×7），维持＋增重的代谢能总需要量为 267 千焦耳（163＋104）。另测出 0～6 周龄平均日采食饲料量为 22.5

克，则每克饲粮含代谢能为 11.9 千焦耳/千克（267÷22.5），或每千克饲粮含代谢能 11.9 兆焦耳，这就是常说的饲粮的代谢能浓度。

例 2，对产蛋鸡，除维持与体成熟前小母鸡的增重需要量外，还须测定与计入产蛋的代谢能需要量。如试验测出体重 2 千克产蛋鸡在平养、笼养条件下，每日维持需要的代谢能分别为 1 030 千焦耳和 1 130 千焦耳；体成熟前小母鸡每日增重 1 克约需代谢能 12.4 千焦耳；产 1 枚 50～60 克的蛋（包括蛋壳），约需要代谢能 620 千焦耳。那么，体重 2 千克、日产 1 枚 60 克重的蛋、体重无变化的笼养产蛋母鸡，每日代谢能的总需要量为 620＋1 030＝1 650 千焦耳，采食量若为 120 克，则其饲粮的代谢能浓度为 13.75 兆焦/千克（1 650/120）。

鸡体组织含蛋白质 18％，每日每千克代谢体重的内源氮排出量（氮维持需要量的主要部分）为 0.2 克，食入氮的利用率为 55％；按上述数据可计算出，体重 2 千克（代谢体重为 1.68 千克）母鸡每日维持的氮需要量为 0.61 克（1.68×0.2÷0.55），维持的蛋白质需要量为 3.82 克（0.61×6.25）。1 枚 60 克的鸡蛋含蛋白质 7.2 克，饲料蛋白质沉积为蛋中蛋白质的效率为 50％，产蛋的蛋白质需要量为 14.4 克（7.2÷0.5）。假如此鸡无体重变化，并同时忽略换羽的蛋白质需要（维持需要量的一部分），则该鸡每日的蛋白质总需要量为 18.22 克，除以其采食量（120 克），其饲粮的蛋白质浓度应为 15.18％（18.22÷120×100）。如果因环境温度高或其他原因，鸡采食量下降到 110 克，此饲粮的蛋白质含量就不能满足鸡的需要，这时须将饲粮蛋白质含量提高至 16.56 ％（18.22÷110×100）。相反，若鸡采食量上升到 125 克，则应将蛋白质含量降低至 14.58％（18.22÷125×100）。氨基酸、钙、磷等其他营养物质的饲粮浓度，也应随采食量变化做相应调整，方法与蛋白质相同。

(三)国内外鸡饲养标准简介

许多国家,如美国、英国、法国、俄罗斯、日本等,都有官方颁布的鸡饲养标准,且定期或不定期进行修订,根据最新的试验结果做适当调整。这些标准不仅供本国养鸡业使用,而且各国间可互相借鉴。美国国家委员会(即 NRC)已于 1994 年颁布了第 9 版鸡饲养标准,而第 8 版是 1984 年颁布的;在我国尚未制定本国的饲养标准前,多参考此标准。我国于 1986 年发布了第一个国家鸡饲养标准(中华人民共和国专业标准(ZB B 43005－86) 鸡的饲养标准)和第一个农业行业鸡饲养标准(中华人民共和国农业行业标准 鸡的饲养标准 NY/T 33－1986)。国家专业标准(ZB B43005－1986)沿用至今,而中华人民共和国农业部于 2004 年 8 月 25 日发布了新版农业行业鸡饲养标准(NY/T 33－2004)。

除了各国以国家或部门发布的鸡饲养标准外,从国外引进的、国内育成的一些鸡种,也在其饲养指南中列出了该鸡种的营养推荐量。我国一些地方还饲养着一定数量的土种鸡,近年来随市场需求增大,饲养量呈增加趋势。这些地方鸡种生长速度慢,有些仍采用散养方式,有些地方部门也提出了适合当地土种鸡的饲养标准。

二、鸡饲养标准的解析

在这个部分,将与朋友们一起阅读中华人民共和国农业行业标准鸡饲养标准(NY/T 33－2004)(以下简称“农业行业标准NY/T 33－2004”)。该标准文本首页中明确指出其所涉及的范围:“本标准适用于专业化养鸡场和配合饲料厂。蛋用鸡营养需要适用于轻型和中型蛋鸡,肉用鸡营养需要适用于专门化培育的品系,黄羽肉鸡营养需要适用于地方品种和地方品种的杂交种”。在以下部分,拟对各类鸡营养需要量表中列出的营养物质的作用、有关养分间的关系、所用单位、鸡的年龄阶段和生产水平划分等给予必要的说明。

尽管各个国家的鸡饲养标准中某些营养物质的推荐量可能有一定差异,但所列内容、格式、使用的单位基本一致。读懂这一个饲养标准,再看其他国家、地区的鸡饲养标准就不会有什么障碍了。

(一)蛋用型鸡饲养标准解析

农业行业标准 NY/T 33－2004 中,蛋用鸡营养需要部分共有3个表格,即生长鸡营养需要、产蛋鸡营养需要和生长蛋鸡体重与耗料量。以下列表中,括号外表序号为本书顺序,括号内为标准中原编号。

1. 蛋鸡生长期营养需要 见表1-1(1)。

表1-1(1) 生长蛋鸡营养需要

营养指标	单 位	0～8周龄	9～18周龄	19周龄至开产
代谢能 ME	MJ/kg (Mcal/kg)	11.91(2.85)	11.70(2.80)	11.50(2.75)
粗蛋白质 CP	%	19.0	15.5	17.0
蛋白能量比 CP/ME	g/MJ(g/Mcal)	15.95(66.67)	13.25(55.30)	14.78(61.82)
赖氨酸能量比 Lys/ME	g/MJ(g/Mcal)	0.84(3.51)	0.58(2.43)	0.61(2.55)
赖氨酸	%	1.00	0.68	0.70
蛋氨酸	%	0.37	0.27	0.34
蛋氨酸+胱氨酸	%	0.74	0.55	0.64
苏氨酸	%	0.66	0.55	0.62
色氨酸	%	0.20	0.18	0.19

续表 1-1(1)

营养指标	单位	0～8 周龄	9～18 周龄	19 周龄至开产
精氨酸	%	1.18	0.98	1.02
亮氨酸	%	1.27	1.01	1.07
异亮氨酸	%	0.71	0.59	0.60
苯丙氨酸	%	0.64	0.53	0.54
苯丙氨酸＋酪氨酸	%	1.18	0.98	1.00
组氨酸	%	0.31	0.26	0.27
脯氨酸	%	0.50	0.34	0.44
缬氨酸	%	0.73	0.60	0.62
甘氨酸＋丝氨酸	%	0.82	0.68	0.71
钙	%	0.90	0.80	2.00
总　磷	%	0.70	0.60	0.55
非植酸磷	%	0.40	0.35	0.32
钠	%	0.15	0.15	0.15
氯	%	0.15	0.15	0.15
铁	mg/kg	80	60	60
铜	mg/kg	8	6	8
锌	mg/kg	60	40	80
锰	mg/kg	60	40	60
碘	mg/kg	0.35	0.35	0.35
硒	mg/kg	0.30	0.30	0.30
亚油酸	%	1	1	1
维生素 A	IU/kg	4 000	4 000	4 000
维生素 D	IU/kg	800	800	800
维生素 E	IU/kg	10	8	8
维生素 K	mg/kg	0.5	0.5	0.5

续表 1-1(1)

营养指标	单 位	0～8 周龄	9～18 周龄	19 周龄至开产
硫胺素	mg/kg	1.8	1.3	1.3
核黄素	mg/kg	3.6	1.8	2.2
泛 酸	mg/kg	10	10	10
烟 酸	mg/kg	30	11	11
吡哆醇	mg/kg	3	3	3
生物素	mg/kg	0.15	0.10	0.10
叶 酸	mg/kg	0.55	0.25	0.25
维生素 B_{12}	mg/kg	0.010	0.003	0.004
胆 碱	mg/kg	1 300	900	500

注：根据中型体重鸡制定，轻型鸡可酌减 10%；开产日龄按 5%产蛋率计算

对表 1-1(1)所列内容作以下说明。

(1)生长阶段的划分　鸡生长期(即育雏、育成期)的生长速度、增重成分随年龄而变化，营养需要量也相应改变。故任何生长鸡饲养标准都按阶段列出代谢能与各营养物质需要量的推荐值。各饲养标准对阶段的划分有所不同，我国国家蛋鸡生长期饲养标准(ZB B 43005－86)划分为 0～6 周龄、7～14 周龄、15～20 周龄，美国 NRC 家禽营养需要(1994)为 0～6 周龄、6～12 周龄、12～18 周龄及 18 周龄至产蛋；本标准生长蛋鸡生长期被划分成三阶段，即 0～8 周龄、9～18 周龄和 19 周龄至开产(当产蛋率达 5%的这一天，就是鸡群的开产日龄)。19 周龄至开产也常被称为开产前阶段，此时大多数小母鸡卵巢及输卵管快速发育，体内沉积营养物质备产蛋之需，且少数鸡逐渐开产，故代谢能及其他营养物质的需要均较育成期提高。

(2)营养指标与衡量单位　表中第一列是本标准列出的营养指标，第二列为各营养指标所用的衡量单位。

列出的第 1 个营养指标是代谢能(Metabolizable energy,其缩写为 ME)。从食入饲料所含总能量中减去从粪、尿排出的能量,所得差数即为代谢能。由于粪、尿中除未消化与未利用的饲料能量外,还包括体内代谢过程中排出的内源代谢产物所含能量,故此代谢能值被称为表观代谢能。代谢能值表示饲粮中可利用能量的高低,其单位是每千克饲粮中所含兆焦耳(MJ/kg)或兆卡(Mcal/kg)。卡是热量单位,每 1 克水从 14.5℃升高到 15.5℃所吸收的热量为 1 卡,1 000 卡为 1 千卡,1 000 千卡为 1 兆卡。焦耳是做功的单位,1 000 焦耳为 1 千焦耳,1 000 千焦耳为 1 兆焦耳。卡与焦耳之间的转换系数为 4.184,1 卡=4.184 焦耳,1 千卡=4.184 千焦耳,1 兆卡=4.184 兆焦耳。本表并用两种单位(括号外为兆焦耳,括号内为兆卡),配制饲粮时用那种单位,可按照习惯与爱好加以选择。从表中可看出,0～8 周龄、9～18 周龄和 19 周龄至开产的生长蛋鸡,每千克饲粮的代谢能含量相应为 11.92 兆焦耳、11.70 兆焦耳、11.50 兆焦耳,或 2.85 兆卡、2.80 兆卡、2.75 兆卡,随生长阶段而略有降低。与肉鸡和其他种动物一样,蛋用生长鸡幼龄时生长速度快,增重中水分与蛋白质含量高,脂肪含量与能值低;虽然随日龄增大生长速度明显下降,但增重中水分与蛋白质含量降低,脂肪含量与能值则相应上升,故对代谢能浓度的需求只略有下降。

第 2 个营养指标是粗蛋白质(crude protein,缩写为 CP),以百分数(%)表示。可看到,育雏期和育成期推荐值分别为 19.0%、15.5%,这是生长鸡增重速度与增重成分的阶段变化所决定的。育雏期增重速度快,且增重中蛋白质所占比例高;育成期增重速度逐渐变慢,增重中的蛋白质比例下降,而脂肪含量渐增。综合这两方面的影响,育成期的代谢能浓度推荐值仅较育雏期低 1.8%,而粗蛋白质浓度却低 18.4%。

第 3～4 个营养指标是蛋白质能量比(CP/ME)和赖氨酸能量

比(Lys/ME),二者的单位相同,为每兆焦耳或每兆卡代谢能对应的粗蛋白质或赖氨酸克数(g/MJ 或 g/Mcal)。这两个指标非常重要,因为在蛋白质与氨基酸消化、代谢过程中必须消耗一定的能量,饲粮粗蛋白质或氨基酸与代谢能保持适宜的比例,可使粗蛋白质与氨基酸被有效地利用。各种必需氨基酸的推荐值是成比例的,本表仅列出赖氨酸能量比,实际蕴含了其他的必需氨基酸能量比。

第 5～18 个营养指标列出了必需氨基酸需要量(%)。蛋白质由 20 种氨基酸以不同排列组成,本表列出的氨基酸均是鸡必需从饲粮中获得的,称为必需氨基酸。蛋氨酸与胱氨酸都是含硫氨基酸,鸡体对蛋氨酸的需要只能靠蛋氨酸满足,胱氨酸的需要可靠胱氨酸或蛋氨酸满足,鸡饲养标准中不仅给出蛋氨酸推荐值,且均给出蛋氨酸＋胱氨酸推荐值,以能同时满足这两种氨基酸的需要。同理,苯丙氨酸只能靠苯丙氨酸满足,酪氨酸需要可靠酪氨酸和苯丙氨酸满足,标准中除苯丙氨酸外,还规定了苯丙氨酸＋酪氨酸的需要量。在鸡饲粮中,甘氨酸和丝氨酸可互相替代,通常仅列出二者的总需要量(甘氨酸＋丝氨酸)。在本标准中,还列出脯氨酸的推荐值。脯氨酸原本被认为是非必需氨基酸,但近年的研究查明,鸡合成脯氨酸的能力差;美国 NRC 鸡营养需要第 9 版(1994)的肉仔鸡营养需要表中,首次给出了脯氨酸需要量的推荐值。从该表中也看出,育雏期各种氨基酸的推荐浓度也均高于育成期,与粗蛋白质推荐值一致。

标准的第 19～23 个营养指标是 4 种鸡体需要量最大的常量矿物质元素(钙、磷、钠、氯)的需要量;磷包括总磷与非植酸磷。谷类、糠麸类、豆类籽实及饼粕类中以植酸形式存在的磷,分别占总磷的 56%～70%、70%～85%、30%～40%和 60%～70%。植酸具有六边形的环状结构,在植酸酶作用下其环状结构被打开,其中所含的磷才能释放出来,被动物小肠壁吸收。但鸡消化道中极少分泌植酸酶，对植酸形式的磷利用率很低，故必须供给它们足够的非植酸形式的磷（或称有效磷）。

标准的第24～29个营养指标为6种微量矿物质元素（铁、铜、锰、锌、碘、硒）的需要量。与常量元素相比，这些元素的需要量显然较低，但它们在鸡体内执行着非常重要的生理功能。从表1-1(1)还看出，育雏期生长鸡的钙、磷、铁、铜、锰、锌推荐浓度均高于育成期，而两阶段钠、氯、硒、碘的浓度一致。

标准的第30个营养指标是亚油酸的需要量。亚油酸是构成脂肪的一种不饱和脂肪酸（18碳二烯酸），鸡体内不能合成，必须以饲粮形式供应，被称为必需脂肪酸。生长鸡对亚油酸的需要量高，各阶段均为1%。缺乏亚油酸会导致雏鸡患缺乏症，表现生长缓慢，可引起肝肿大、肝脂肪含量高于正常鸡。一些研究报道指出，缺乏亚油酸的鸡对呼吸感染敏感。通常，以玉米和大豆粕（饼）组成的饲粮，不需另外补充，即能满足鸡生长对亚油酸的需要；从以高粱、大麦和小麦替代玉米组成的饲粮中，鸡可获得最佳量的亚油酸。饲粮中含植物油2%以上就不致缺乏亚油酸。

标准最后13项营养指标是鸡对各种维生素的需要量推荐值。包括脂溶性维生素A、维生素D、维生素E、维生素K和B族维生素中的9个成员；这些维生素在鸡体内均具有重要的生理作用。哺乳动物（牛、羊、猪等）不必须从饲粮中获得维生素K；但禽类肠道短，其内微生物合成的维生素K有限，须依赖饲粮供应。从该表可看出，鸡各生长阶段的维生素A、维生素D、维生素K及泛酸、吡哆醇的推荐浓度相同，其他维生素均为育雏期高于育成期。

2. 生长蛋鸡体重与耗料量 在农业行业标准NY/T 33－2004中，生长蛋鸡的体重与耗料量表序号为3，此处为阐述方便，将其列为表1-2(3)，紧接生长鸡饲养标准之后；而将产蛋鸡营养需要列为表1-3(2)，请读者注意。

表 1-2(3)　生长蛋鸡体重与耗料量

周　龄	周末体重(克/只)	耗料量(克/只)	累计耗料量(克/只)
1	70	84	84
2	130	119	203
3	200	154	357
4	275	189	546
5	360	224	770
6	445	259	1029
7	530	294	1323
8	615	329	1652
9	700	357	2009
10	785	385	2394
11	875	413	2807
12	965	441	3248
13	1055	469	3717
14	1145	497	4214
15	1235	525	4739
16	1325	546	5285
17	1415	567	5852
18	1505	588	6440
19	1595	609	7049
20	1670	630	7679

注:0～8 周龄为自由采食,9 周龄开始结合光照进行限饲

蛋用鸡生长期一般为 20 周。0～8 周为育雏期,此阶段应尽可能发挥雏鸡的生长潜力,饲喂策略是自由采食;以促其骨骼、肌肉、内脏均获得充分生长,使其肌胃及整个肠胃道充分发育,这样才能在产蛋周期内为产大蛋而采食足够的饲料。8 周龄后,须结

合减少光照时间进行限制饲养(即投料量较鸡自由采食量减少5%～30%,视情况而定)。随着鸡龄增长,机体生长速度逐渐减慢,这时若耗料量大,会在腹腔内沉积大量脂肪,脂肪组织包围重要器官会妨碍最佳产蛋;因此,8 周龄后必须使幼母鸡、幼公鸡获得足够正常生长、发育及羽毛生长所需的代谢能,而无多余的能量供沉积脂肪。

表 1-2(3)给出每周的周末体重与耗料量,以及出壳至任何一周末的累计耗料量,可供养殖者制定饲料计划和合理投料参考。按表 1-1(1)对蛋用生长鸡生长期的阶段划分,参考此表的累计耗料量可计算出每只鸡 0～8 周龄、9～18 周龄和 19～20 周龄的耗料量分别为 1 652 克(8 周龄末累计耗料量)、4 788 克(18 周龄末累计耗料量减去 8 周末累计耗料量)和 1 239 克(20 周龄末累计耗料量减去 18 周龄末累计耗料量),乘以鸡数即可得到全群鸡各阶段所需饲料;为保证充足供应,在配料时可增加一定比例(10%～15%,视具体情况而定)。按照表中每周每只鸡的耗料量可计算出该周龄内每日平均耗料量,如第 1 周龄的耗料量是 84 克,平均每天为 12 克;但鸡开食时是吃不下 12 克料的,而以后数日内随体重增大,耗料量也逐渐增加,故须将 84 克做出一个从少至多逐步增加的合理安排,再视鸡采食情况适当调整。本表还有一个重要作用,就是对照检查鸡群的生长是否正常。表中给出了鸡每周末应达到的体重,若鸡群实际的平均体重偏离此参考体重,应当找出原因,适时纠正(体重若低于标准,可增加饲料供应量;反之,则减少)。可通过随机抽称鸡群中一定数量鸡(20～50 只,秤的最小刻度不超过 10 克)的个体重,以这些鸡的平均体重作为整个鸡群的平均体重;仅仅知道鸡群的平均体重还不够,还须明白鸡群的均匀性,即整齐度。多以鸡群平均体重±10%以内鸡只所占百分比表示整齐度。

还须强调两个问题:其一,耗料量包括鸡食入量和饲喂过程中不可避免抛撒的饲料，通常认为合理的抛撒量约为10%，饲养标准中给出的参考耗料量应考虑了10%的抛撒量。若实际饲养过程中抛撒量与此有较大的差异时，应适当地调整耗料量。其二，表中耗料量仅是在饲粮营养水平基本符合本饲养标准的前提下适用，若饲粮营养水平偏离饲养标准较多，也须适当调整。另外，环境温度等也影响耗料量。一般来说，饲养标准是在适宜的环境条件下试验确定的，但实际饲养的环境条件有可能不适宜，如舍温过高或过低，都可能因鸡的能量消耗改变而降低或提高耗料量。

3. 产蛋鸡营养需要　见表1-3(2)。

表1-3(2)　产蛋鸡营养需要

营养指标	单　位	开产至高峰期(>85%)	高峰后(<85%)	种　鸡
代谢能ME	MJ/kg(Mcal/kg)	11.29(2.70)	11.09(2.65)	11.29(2.70)
粗蛋白质CP	%	16.5	15.5	18.0
蛋白能量比CP/ME	g/MJ(g/Mcal)	14.61(61.11)	14.26(58.49)	15.94(66.67)
赖氨酸能量比Lys/ME	g/MJ(g/Mcal)	0.64(2.67)	0.61(2.54)	0.63(2.63)
赖氨酸	%	0.75	0.70	0.75
蛋氨酸	%	0.34	0.32	0.34
蛋氨酸+胱氨酸	%	0.65	0.56	0.65
苏氨酸	%	0.55	0.50	0.55
色氨酸	%	0.16	0.15	0.16
精氨酸	%	0.76	0.69	0.76
亮氨酸	%	1.02	0.98	1.02
异亮氨酸	%	0.72	0.66	0.72
苯丙氨酸	%	0.58	0.52	0.58
苯丙氨酸+酪氨酸	%	1.08	1.06	1.08

续表 1-3(2)

营养指标	单 位	开产至高峰期（>85%）	高峰后（<85%）	种 鸡
组氨酸	%	0.25	0.23	0.25
缬氨酸	%	0.59	0.54	0.59
甘氨酸＋丝氨酸	%	0.57	0.48	0.57
可利用赖氨酸	%	0.66	0.60	—
可利用蛋氨酸	%	0.32	0.30	—
钙	%	3.5	3.5	3.5
总 磷	%	0.60	0.60	0.60
非植酸磷	%	0.32	0.32	0.32
钠	%	0.15	0.15	0.15
氯	%	0.15	0.15	0.15
铁	mg/kg	60	60	60
铜	mg/kg	8	8	6
锰	mg/kg	60	60	60
锌	mg/kg	80	80	60
碘	mg/kg	0.35	0.35	0.35
硒	mg/kg	0.30	0.30	0.30
亚油酸	%	1	1	1
维生素 A	IU/kg	8000	8000	10000
维生素 D	IU/kg	1600	1600	2000
维生素 E	IU/kg	5	5	10
维生素 K	mg/kg	0.5	0.5	1.0
硫胺素	mg/kg	0.8	0.8	0.8
核黄素	mg/kg	2.5	2.5	3.8
泛 酸	mg/kg	2.2	2.2	10

续表 1-3(2)

营养指标	单　位	开产至高峰期 (>85%)	高峰后 (<85%)	种　鸡
烟　酸	mg/kg	20	20	30
吡哆醇	mg/kg	3.0	3.0	4.5
生物素	mg/kg	0.10	0.10	0.15
叶　酸	mg/kg	0.25	0.25	0.35
维生素 B_{12}	mg/kg	0.004	0.004	0.004
胆　碱	mg/kg	500	500	500

注：原标准有误之处均已改正

对表 1-3(2)作以下说明。

①本表列出了轻型与重型商品蛋鸡与蛋用种鸡的代谢能与各养分需要量的建议。对商品蛋鸡划分为两阶段，即开产至产蛋高峰(产蛋率大于 85%)和高峰后(产蛋率小于 85%)，对种鸡未划分阶段。我国鸡饲养标准(ZB B 43005－86)，主要针对的是轻型白莱航型蛋用鸡品系，对商品蛋鸡和种鸡均按产蛋率划分为 3 个阶段，即大于 80%，65%～80%，小于 65%，这符合制定饲养标准时的产蛋水平。鸡蛋是最富有营养价值的食品，产蛋鸡消耗于蛋形成的能量与营养物质占其营养需要的重要部分，且其量随产蛋量而变化。因此，按产蛋率划分阶段，可较准确地给产蛋鸡提供所需要的能量与各种营养物质。另外，鸡对某些营养物质的利用率可能随年龄而有变化，如青年母鸡对钙、磷的利用率较老龄母鸡高，不同产蛋阶段对营养物质的需要量中也包含了这方面的因素。一些国家的饲养标准似乎未明确地按产蛋率划分阶段，如 NRC(1984，1994)、日本农林水产省(1993)建议的鸡饲养标准，但他们是用另外的方式来体现这种差异的。如 NRC(1994)中，有一个莱航型产蛋鸡饲粮中营养成分需要量表，是按产蛋率 90%给出的；

另外还有不同体重和不同产蛋率产蛋鸡每天代谢能需要量表，其中将产蛋率区分为 6 个档次(0%，50%，60%，70%，80%，90%)。

②本表列出的营养物质种类大体与生长鸡相似，有两点不同：未列出脯氨酸，原因不明；列出了可利用赖氨酸与可利用蛋氨酸的推荐量，可能与我国产蛋鸡饲粮中杂粕(菜籽粕、棉籽粕、胡麻粕等)及其他非常规饲料的用量高有关。这类饲料中氨基酸消化吸收率一般均低于玉米、大豆粕、鱼粉等。在日本农林水产省(1993)鸡饲养标准中，对商品蛋鸡也列出了有效(即可利用)赖氨酸和有效蛋氨酸的推荐量。

③比较商品蛋鸡与种鸡的营养需要量可看出，种鸡的大多数营养建议量与开产至高峰期商品蛋鸡相同，如代谢能、各种氨基酸和常量与微量元素(铜、锌例外，低于商品蛋鸡)，但粗蛋白质和多种与胚胎发育有关的维生素(维生素 A、维生素 D、维生素 E、维生素 K、核黄素、泛酸、烟酸、吡哆醇、叶酸)的推荐量较高。

④亚油酸对蛋鸡生产有特殊意义，产蛋鸡缺乏亚油酸导致产蛋降低，蛋重小，受精率稍有下降，而在孵化期间胚胎早期死亡率增加。严重缺乏亚油酸母鸡所产的蛋将不能用于孵化。

(二)肉用鸡饲养标准解析

农业行业标准 NY/T 33—2004 给出的肉用鸡饲养标准，是对现代化肉鸡(即快大鸡)的营养推荐量，包括肉仔鸡和种鸡的营养推荐量，共有 5 个表格：即肉用仔鸡营养需要之一、肉用仔鸡营养需要之二、肉用仔鸡体重与耗量料、肉用种鸡营养需要与肉用种鸡体重与耗料量。这些表格所列项目与蛋用型鸡完全相同，不再赘述。

1. 肉用仔鸡营养需要　见表 1-4(4)和表 1-5(5)。

表 1-4(4)　肉用仔鸡营养需要之一

营养指标	单　位	0～3 周龄	4～6 周龄	7 周龄至上市
代谢能 ME	MJ/kg(Mcal/kg)	12.54(3.00)	12.96(3.10)	13.17(3.15)
粗蛋白质 CP	%	21.5	20.0	18.0
蛋白能量比 CP/ME	g/MJ(g/Mcal)	17.14(71.67)	15.43(64.52)	13.67(57.14)
赖氨酸能量比 Lys/ME	g/MJ(g/Mcal)	0.92(3.83)	0.77(3.23)	0.67(2.81)
赖氨酸	%	1.15	1.00	0.87
蛋氨酸	%	0.50	0.40	0.34
蛋氨酸＋胱氨酸	%	0.91	0.76	0.65
苏氨酸	%	0.81	0.72	0.68
色氨酸	%	0.21	0.18	0.17
精氨酸	%	1.20	1.12	1.01
亮氨酸	%	1.26	1.05	0.94
异亮氨酸	%	0.81	0.75	0.63
苯丙氨酸	%	0.71	0.66	0.58
苯丙氨酸＋酪氨酸	%	1.27	1.15	1.00
组氨酸	%	0.35	0.32	0.27
脯氨酸	%	0.58	0.54	0.47
缬氨酸	%	0.85	0.74	0.64
甘氨酸＋丝氨酸	%	1.24	1.10	0.96
钙	%	1.0	0.9	0.8
总　磷	%	0.68	0.65	0.60
非植酸磷	%	0.45	0.40	0.35
氯	%	0.20	0.15	0.15
钠	%	0.20	0.15	0.15

续表 1-4(4)

营养指标	单 位	0～3 周龄	4～6 周龄	7 周龄至上市
铁	mg/kg	100	80	80
铜	mg/kg	8	8	8
锰	mg/kg	120	100	80
锌	mg/kg	100	80	80
碘	mg/kg	0.70	0.70	0.70
硒	mg/kg	0.30	0.30	0.30
亚油酸	%	1	1	1
维生素 A	IU/kg	8000	6000	2700
维生素 D	IU/kg	1000	750	400
维生素 E	IU/kg	20	10	10
维生素 K	mg/kg	0.5	0.5	0.5
硫胺素	mg/kg	2.0	2.0	2.0
核黄素	mg/kg	8	5	5
泛 酸	mg/kg	10	10	10
烟 酸	mg/kg	35	30	30
吡哆醇	mg/kg	3.5	3.0	3.0
生物素	mg/kg	0.18	0.15	0.10
叶 酸	mg/kg	0.55	0.55	0.50
维生素 B_{12}	mg/kg	0.010	0.010	0.007
胆 碱	mg/kg	1300	1000	750

表 1-5(5) 肉用仔鸡营养需要之二

营养指标	单 位	0～2 周龄	3～6 周龄	7 周龄至上市
代谢能 ME	MJ/kg(Mcal/kg)	12.75(3.05)	12.96(3.10)	13.17(3.15)
粗蛋白质 CP	%	22.0	20.0	17.0

续表 1-5(5)

营养指标	单 位	0~2周龄	3~6周龄	7周龄至上市
蛋白能量比 CP/ME	g/MJ(g/Mcal)	17.25(72.13)	15.43(64.52)	12.91(53.97)
赖氨酸能量比 Lys/ME	g/MJ(g/Mcal)	0.88(3.67)	0.77(3.23)	0.62(2.60)
赖氨酸	%	1.20	1.00	0.82
蛋氨酸	%	0.52	0.40	0.32
蛋氨酸+胱氨酸	%	0.92	0.76	0.63
苏氨酸	%	0.84	0.72	0.64
色氨酸	%	0.21	0.18	0.16
精氨酸	%	1.25	1.12	0.95
亮氨酸	%	1.32	1.05	0.89
异亮氨酸	%	0.84	0.75	0.59
苯丙氨酸	%	0.74	0.66	0.55
苯丙氨酸+酪氨酸	%	1.32	1.15	0.98
组氨酸	%	0.36	0.32	0.25
脯氨酸	%	0.60	0.54	0.44
缬氨酸	%	0.90	0.74	0.72
甘氨酸+丝氨酸	%	1.30	1.10	0.93
钙	%	1.05	0.95	0.80
总 磷	%	0.68	0.65	0.60
非植酸磷	%	0.50	0.40	0.35
钠	%	0.20	0.15	0.15
氯	%	0.20	0.15	0.15
铁	mg/kg	120	80	80
铜	mg/kg	10	8	8

续表 1-5(5)

营养指标	单 位	0～2 周龄	3～6 周龄	7 周龄至上市
锰	mg/kg	120	100	80
锌	mg/kg	120	80	80
碘	mg/kg	0.70	0.70	0.70
硒	mg/kg	0.30	0.30	0.30
亚油酸	%	1	1	1
维生素 A	IU/kg	10000	6000	2700
维生素 D	IU/kg	2000	1000	400
维生素 E	IU/kg	30	10	10
维生素 K	mg/kg	1.0	0.5	0.5
硫胺素	mg/kg	2	2	2
核黄素	mg/kg	10	5	5
泛 酸	mg/kg	10	10	10
烟 酸	mg/kg	45	30	30
吡哆醇	mg/kg	4.0	3.0	3.0
生物素	mg/kg	0.20	0.15	0.10
叶 酸	mg/kg	1.00	0.55	0.50
维生素 B_{12}	mg/kg	0.010	0.010	0.007
胆 碱	mg/kg	1500	1200	750

肉仔鸡的生长速度非常迅速，出壳时雏鸡平均体重 33 克，若第 6 周末上市，体重可达 1 696 克，是出壳重的 51.4 倍。然而，肉仔鸡的生长规律与蛋用生长鸡相类同，出壳后相对生长速度最高，随年龄增大而逐步下降；它们的饲料利用效率也具有相同的规律。肉仔鸡 1 周龄的相对增重高达 275%，第 2 周龄为 163%，第 3～8 周龄相应为 76%，53%，37%，29%，19%，19%；第 1～8 周龄的饲

料转化率(饲料增重比)相应为 0.8,1.21,1.49,1.74,2.03,2.32,2.63,2.99。可见,供给充足的营养与适宜的环境条件,加强饲养管理,充分发挥肉仔鸡生长早期的生长潜力,对提高肉鸡业的经济效益是至关重要的。表 1-4(4)提供的肉仔鸡营养需要是划分为 0～3 周龄、4～6 周龄和 7 周龄至上市 3 个阶段。在 0～3 周龄提供含较高代谢能与高蛋白质饲粮,以使仔鸡在此阶段能充分生长;而随日龄增大,其增重中脂肪含量增高,蛋白质含量相应下降,故后两阶段逐步提高饲粮的代谢能浓度,相应降低蛋白质水平,有利于增重。表 1-5(5)给出的肉仔鸡营养需要,划分为 0～2 周龄、3～6 周龄和 7 周龄至上市 3 个阶段,是以更高的营养水平来发挥 0～2 周龄生长速度最快与饲料利用效率最高的特点。

2. 肉用仔鸡体重与耗料量 见表 1-6(6)。

表 1-6(6) 肉用仔鸡体重与耗料量

周 龄	周末体重(克/只)	耗料量(克/只)	累计耗料量(克/只)
1	126	113	113
2	317	273	386
3	558	473	859
4	900	643	1502
5	1309	867	2369
6	1696	954	3323
7	2117	1164	4487
8	2457	1079	5566

表 1-6(6)肉用仔鸡体重与耗料量所列内容与蛋用生长鸡一样,其使用方法及须注意的问题也相同。但须强调的是,肉仔鸡生长非常快,生长周期短,任何一阶段饲养管理失误造成的生长滞后都很难弥补。故需参考此表数据,结合鸡群的具体情况,精心饲养

与管理,使仔鸡每个阶段的体重都能达标且均匀度好,饲料转化效率高。

3. 肉用种鸡的营养需要 见表1-7(7)。

表1-7(7) 肉用种鸡营养需要

营养指标	单 位	0～6周龄	7～18周龄	19周龄至开产	开产至高峰期(产蛋＞65%)	高峰期后(产蛋＜65%)
代谢能ME	MJ/kg	12.12	11.91	11.70	11.70	11.70
	(Mcal/kg)	(2.90)	(2.85)	(2.80)	(2.80)	(2.80)
粗蛋白质CP	%	18.0	15.0	16.0	17.0	16.0
蛋白能量比	g/MJ	14.85	12.59	13.68	14.53	13.68
CP/ME	(g/Mcal)	(62.07)	(52.63)	(57.14)	(60.71)	(57.14)
赖氨酸	g/MJ	0.76	0.55	0.64	0.68	0.64
能量比	(g/Mcal)	(3.17)	(2.28)	(2.68)	(2.86)	(2.68)
Lys/ME						
赖氨酸	%	0.92	0.65	0.75	0.80	0.75
蛋氨酸	%	0.34	0.30	0.32	0.34	0.30
蛋氨酸＋胱氨酸	%	0.72	0.56	0.62	0.64	0.60
苏氨酸	%	0.52	0.48	0.50	0.55	0.50
色氨酸	%	0.20	0.17	0.16	0.17	0.16
精氨酸	%	0.90	0.75	0.90	0.90	0.88
亮氨酸	%	1.05	0.81	0.86	0.86	0.81
异亮氨酸	%	0.66	0.58	0.58	0.58	0.58
苯丙氨酸	%	0.52	0.39	0.42	0.51	0.48
苯丙氨酸＋酪氨酸	%	1.00	0.77	0.82	0.85	0.80
组氨酸	%	0.26	0.21	0.22	0.24	0.21
脯氨酸	%	0.50	0.41	0.44	0.45	0.42

续表 1-7(7)

营养指标	单 位	0～6周龄	7～18周龄	19周龄至开产	开产至高峰期(产蛋＞65％)	高峰期后(产蛋＜65％)
缬氨酸	％	0.62	0.47	0.50	0.66	0.51
甘氨酸＋丝氨酸	％	0.70	0.53	0.56	0.57	0.54
钙	％	1.00	0.90	2.0	3.30	3.50
总 磷	％	0.68	0.65	0.65	0.68	0.65
非植酸磷	％	0.45	0.40	0.42	0.45	0.42
钠	％	0.18	0.18	0.18	018	0.18
氯	％	0.18	0.18	0.18	0.18	0.18
铁	mg/kg	60	60	80	80	80
铜	mg/kg	6	6	8	8	8
锰	mg/kg	80	80	100	100	100
锌	mg/kg	60	60	80	80	80
碘	mg/kg	0.70	0.70	1.00	1.00	1.00
硒	mg/kg	0.30	0.30	0.30	0.30	0.30
亚油酸	％	1	1	1	1	1
维生素A	IU/kg	8000	6000	9000	12000	12000
维生素D	IU/kg	1600	1200	1800	2400	2400
维生素E	IU/kg	20	10	10	30	30
维生素K	mg/kg	1.5	1.5	1.5	1.5	1.5
硫胺素	mg/kg	1.8	1.5	1.5	2.0	2.0
核黄素	mg/kg	8	6	6	9	9
泛 酸	mg/kg	12	10	10	12	12
烟 酸	mg/kg	30	20	20	35	35

续表 1-7(7)

营养指标	单 位	0～6周龄	7～18周龄	19周龄至开产	开产至高峰期(产蛋＞65％)	高峰期后(产蛋＜65％)
吡哆醇	mg/kg	3.0	3.0	3.0	4.5	4.5
生物素	mg/kg	0.15	0.10	0.10	0.20	0.20
叶 酸	mg/kg	1.0	0.5	0.5	1.2	1.2
维生素 B_{12}	mg/kg	0.010	0.006	0.008	0.012	0.012
胆 碱	mg/kg	1300	900	500	500	500

肉用种鸡的饲养与肉仔鸡有很大区别,饲养肉仔鸡是为获取优质鸡肉产品,基本上采用自由采食;而饲养肉种鸡的目的是为生产受精率与孵化率高的种蛋,提供健壮的肉仔鸡源,故必须使其保持产蛋鸡的体况。肉用种鸡的营养需要与饲养管理特点基本与蛋用型产蛋鸡相同,但肉种鸡在体内沉积脂肪的潜力比蛋用型鸡更强,应更加注意限制饲养,防止其体重超标,以免其体内沉积过多脂肪而影响产蛋率、受精率与种蛋孵化率。

4. 肉用种鸡体重与耗料量 为做好肉种母鸡的限饲,农业行业鸡标准 NY/T 33—2004 给出了肉种鸡体重与耗料量表[表 1-8(8)],养殖者应参考此表,认真分析鸡群的实际状况,安排好营养供应、限饲与体重控制。

表 1-8(8) 肉用种鸡体重与耗料量

周 龄	体 重(克/只)	耗料量(克/只)	累计耗料量(克/只)
1	90	100	100
2	185	168	268
3	340	231	499
4	430	266	765

续表 1-8(8)

周 龄	体 重(克/只)	耗料量(克/只)	累计耗料量(克/只)
5	520	287	1052
6	610	301	1353
7	700	322	1675
8	795	336	2011
9	890	357	2368
10	985	378	2746
11	1080	406	3152
12	1180	434	3586
13	1280	462	4048
14	1380	497	4545
15	1480	518	5063
16	1595	553	5616
17	1710	588	6204
18	1840	630	6834
19	1970	658	7492
20	2100	707	8199
21	2250	749	8948
22	2400	798	9746
23	2550	847	10593
24	2710	896	11489
25	2870	952	12441
29	3477	1190	13631
33	3603	1169	14800
43	3608	1141	15941
58	3782	1064	17005

引注:本表25周龄后的周耗料量表述不是连续的,因此25周龄后的累计耗料量疑有误

(三)黄羽肉鸡饲养标准解析

1. 黄羽肉鸡仔鸡的营养需要量 黄羽肉鸡是对我国一些地方黄羽土鸡经多年纯化选育而成的肉鸡群体,其种鸡的产蛋性能有较大提高,生长速度也有所提高,体质外型、毛色也趋于一致。这些鸡种保留了原有地方土鸡的肉质风味,深受国内外消费者的欢迎。但与上述白羽快速生长的肉用仔鸡相比,优质黄羽肉鸡生长速度慢、周期长;因母鸡生长速度比公鸡慢,故对公、母鸡的阶段划分有别。因此,该鸡种的营养需要量也低于白羽快速生长的肉用仔鸡,能量水平低2%～3%,蛋白质水平低5%～8%,氨基酸、维生素和微量元素水平与蛋白质水平同步下降。表1-9(9)列出了黄羽肉仔鸡营养需要,其中涉及的营养指标与表1-1(1)、表1-4(4)、表1-5(5)和表1-7(7)相同,此处不再赘述。

表1-9(9) 黄羽肉鸡仔鸡营养需要

营养指标	单 位	♀0～4周龄 ♂0～3周龄	♀5～8周龄 ♂4～5周龄	♀>8周龄 ♂>5周龄
代谢能 ME	MJ/kg(Mcal/kg)	12.12 (2.90)	12.54(3.00)	12.96(3.10)
粗蛋白质 CP	%	21.0	19.0	16.0
蛋白能量比 CP/ME	g/MJ(g/Mcal)	17.33(72.41)	15.15(63.33)	12.34(51.61)
赖氨酸能量比 Lys/ME	g/MJ(g/Mcal)	0.87(3.62)	0.78(3.27)	0.66(2.74)
赖氨酸	%	1.05	0.98	0.85
蛋氨酸	%	0.46	0.40	0.34
蛋氨酸+胱氨酸	%	0.85	0.72	0.65
苏氨酸	%	0.76	0.74	0.68
色氨酸	%	0.19	0.18	0.16
精氨酸	%	1.19	1.10	1.00

续表 1-9(9)

营养指标	单　位	♀0～4 周龄 ♂0～3 周龄	♀5～8 周龄 ♂4～5 周龄	♀>8 周龄 ♂>5 周龄
亮氨酸	%	1.15	1.09	0.93
异亮氨酸	%	0.76	0.73	0.62
苯丙氨酸	%	0.69	0.65	0.56
苯丙氨酸＋酪氨酸	%	1.28	1.22	1.00
组氨酸	%	0.33	0.32	0.27
脯氨酸	%	0.57	0.55	0.46
缬氨酸	%	0.86	0.82	0.70
甘氨酸＋丝氨酸	%	1.19	1.14	0.97
钙	%	1.00	0.90	0.80
总　磷	%	0.68	0.65	0.60
非植酸磷	%	0.45	0.40	0.35
钠	%	0.15	0.15	0.15
氯	%	0.15	0.15	0.15
铁	mg/kg	80	80	80
铜	mg/kg	8	8	8
锰	mg/kg	80	80	80
锌	mg/kg	60	60	60
碘	mg/kg	0.35	0.35	0.35
硒	mg/kg	0.15	0.15	0.15
亚油酸	%	1	1	1
维生素 A	IU/kg	5000	5000	5000
维生素 D	IU/kg	1000	1000	1000
维生素 E	IU/kg	10	10	10
维生素 K	mg/kg	0.50	0.50	0.50

续表 1-9(9)

营养指标	单 位	♀0～4 周龄 ♂0～3 周龄	♀5～8 周龄 ♂4～5 周龄	♀>8 周龄 ♂>5 周龄
硫胺素	mg/kg	1.80	1.80	1.80
核黄素	mg/kg	3.60	3.60	3.00
泛 酸	mg/kg	10	10	10
烟 酸	mg/kg	35	30	25
吡哆醇	mg/kg	3.5	3.5	3.0
生物素	mg/kg	0.15	0.15	0.15
叶 酸	mg/kg	0.55	0.55	0.55
维生素 B_{12}	mg/kg	0.010	0.010	0.010
胆 碱	mg/kg	1000	750	500

2. 黄羽肉鸡仔鸡的体重与耗料量 表 1-10(10)列出黄羽肉仔鸡体重与耗料量,其格式基本与表 1-2(3)、表 1-6(6)等一致,只是分别按公鸡与母鸡列出,适应了公、母鸡生长速度间差异较大的实际情况。

表 1-10(10) 黄羽肉鸡仔鸡体重与耗料量

周 龄	周末体重(克/只)		耗料量(克/只)		累计耗料量(克/只)	
	公 鸡	母 鸡	公 鸡	母 鸡	公 鸡	母 鸡
1	88	89	76	70	76	70
2	199	175	201	130	277	200
3	320	253	269	142	546	342
4	492	378	371	266	917	608
5	631	493	516	295	1433	907
6	870	622	632	358	2065	1261
7	1274	751	751	359	2816	1620

续表 1-10(10)

周　龄	周末体重(克/只)		耗料量(克/只)		累计耗料量(克/只)	
	公　鸡	母　鸡	公　鸡	母　鸡	公　鸡	母　鸡
8	1560	949	719	479	3535	2099
9	1814	1137	836	534	4371	2633
10	—	1254	—	540	—	3028
11	—	1380	—	549	—	3577
12	—	1548	—	514	—	4091

3. 黄羽肉鸡种鸡营养需要　表 1-11(11)给出黄羽肉种鸡营养需要,其生长期阶段划分与蛋用型鸡和白羽肉种鸡相同,但产蛋期未区分阶段;所列营养指标均同表 1-2(3)、表 1-4(4)、表 1-5(5)和表 1-7(7)。黄羽肉种鸡的生产目标、营养需要特点及饲养管理要点与现代化肉用种鸡基本类同,只是生产水平与营养需要均较低一些。

表 1-11(11)　黄羽肉鸡种鸡营养需要

营养指标	单　位	0～6周龄	7～18周龄	19周龄至开产	产蛋期
代谢能 ME	MJ/kg (Mcal/kg)	12.12 (2.90)	11.70 (2.70)	11.50 (2.75)	11.50 (2.75)
粗蛋白质 CP	%	20.0	15.0	16.0	16.0
蛋白能量比 CP/ME	g/MJ (g/Mcal)	64.50 (68.96)	12.82 (55.56)	13.91 (58.18)	13.91 (58.18)
赖氨酸能量比 Lys/ME	g/MJ (g/Mcal)	0.74 (3.10)	0.56 (2.32)	0.70 (2.91)	0.70 (2.91)
赖氨酸	%	0.90	0.75	0.80	0.80
蛋氨酸	%	0.38	0.29	0.37	0.40

续表 1-11(11)

营养指标	单　位	0～6周龄	7～18周龄	19周龄至开产	产蛋期
蛋氨酸＋胱氨酸	%	0.69	0.61	0.69	0.80
苏氨酸	%	0.58	0.52	0.55	0.56
色氨酸	%	0.18	0.16	0.17	0.17
精氨酸	%	0.99	0.87	0.90	0.95
亮氨酸	%	0.94	0.74	0.83	0.86
异亮氨酸	%	0.60	0.55	0.56	0.60
苯丙氨酸	%	0.51	0.48	0.50	0.51
苯丙氨酸＋酪氨酸	%	0.86	0.81	0.82	0.84
组氨酸	%	0.28	0.24	0.25	0.26
脯氨酸	%	0.43	0.39	0.40	0.42
缬氨酸	%	0.60	0.52	0.57	0.70
甘氨酸＋丝氨酸	%	0.77	0.69	0.75	0.78
钙	%	0.90	0.90	2.0	3.00
总　磷	%	0.65	0.61	0.63	0.65
非植酸磷	%	0.40	0.36	0.38	0.41
钠	%	0.16	0.16	0.16	016
氯	%	0.16	0.16	0.16	0.16
铁	mg/kg	54	54	72	72
铜	mg/kg	5.4	5.4	7.0	7.0
锰	mg/kg	72	72	90	90
锌	mg/kg	54	54	72	72
碘	mg/kg	0.60	0.60	0.90	0.90
硒	mg/kg	0.27	0.27	0.27	0.27
亚油酸	%	1	1	1	1

续表 1-11(11)

营养指标	单 位	0～6周龄	7～18周龄	19周龄至开产	产蛋期
维生素 A	IU/kg	7200	5400	7200	10800
维生素 D	IU/kg	1440	1080	1620	2160
维生素 E	IU/kg	18	9	9	27
维生素 K	mg/kg	1.4	1.4	1.4	1.8
硫胺素	mg/kg	1.6	1.4	1.4	1.8
核黄素	mg/kg	7	5	5	8
泛 酸	mg/kg	11	9	9	11
烟 酸	mg/kg	27	18	18	32
吡哆醇	mg/kg	2.7	2.7	2.7	4.1
生物素	mg/kg	0.14	0.09	0.09	0.18
叶 酸	mg/kg	0.9	0.45	0.45	1.08
维生素 B_{12}	mg/kg	0.009	0.005	0.007	0.010
胆 碱	mg/kg	1 170	810	450	450

4. 黄羽肉鸡种鸡体重与耗料量 表 1-12(12)和表 1-13(13)分别列出黄羽肉种鸡生长期和产蛋期的体重与耗料量,供养殖者参考。

表 1-12(12) 黄羽肉鸡种鸡生长期体重与耗料量

周 龄	体 重(克/只)	耗料量(克/只)	累计耗料量(克/只)
1	110	90	90
2	180	196	286
3	250	252	538
4	330	266	804
5	410	280	1084

续表 1-12(12)

周　龄	体　重(克/只)	耗料量(克/只)	累计耗料量(克/只)
6	500	294	1378
7	600	322	1700
8	690	343	2043
9	780	364	2407
10	870	385	2792
11	950	406	3198
12	1030	427	3625
13	1110	448	4073
14	1190	469	4542
15	1270	490	5032
16	1350	511	5543
17	1430	532	6075
18	1510	553	6628
19	1600	574	7202
20	1700	595	7797

表 1-13(13)　黄羽肉鸡种鸡产蛋期体重与耗料量

周　龄	体　重(克/只)	耗料量(克/只)	累计耗料量(克/只)
21	1780	616	616
22	1860	644	1260
24	2030	700	1960
26	2200	840	2800
28	2280	910	3710
30	2310	910	4620

续表 1-13(13)

周　龄	体　重(克/只)	耗料量(克/只)	累计耗料量(克/只)
32	2330	889	5509
34	2360	889	6398
36	2390	875	7273
38	2410	875	8148
40	2440	854	9002
42	2460	854	9856
44	2480	840	10696
46	2500	840	11536
48	2520	826	12362
50	2540	826	13188
52	2560	826	14014
54	2580	805	14819
56	2600	805	15624
58	2620	805	16429
60	2630	805	17234
62	2640	805	18039
64	2650	805	18844
66	2660	805	19649

引注：本表 22 周龄后周耗料量表述不是连续的，因此 22 周龄后的累计耗料量疑有误

三、正确应用饲养标准

(一)安全系数

我国及其他国家家禽饲养标准中规定的需要量,在使用时都应加一个安全系数。美国 NRC 家禽营养需要(第 8 版,1984)前言中明确指出:为确定家禽对各种营养物质的需要量,评价了已发表的研究成果。但因资料不完整,故作了一些必要的计算或估算。在不能依据试验数据提出需要量的许多情况下,提供了需要量的估计值。同时指出:所报道的数值都没有加安全系数,考虑到饲料营养成分变化无常、饲料混合不充分、加工不适当和贮存条件不良,都可能使饲料营养物质的有效含量降至提供的有效值之下,应当对规定的"需要量"加一个安全系数,以得到饲料配合中必有的营养"建议量"。对营养需要加安全系数的必要性还须从另一方面考虑,即包括鸡在内的家禽饲养是以群体进行的。以标准中给出的营养需要配合的饲粮可能满足了大部分个体的需要,而一定比例的个体并未获得足够的营养物质,以至限制其生产潜力的发挥;增加一个安全系数后,就可能使这部分个体的需要也得到满足,鸡群的整体生产水平提高。安全系数为表中规定需要的 10%或 15%~20%。须视具体情况而定。

(二)适应季节变化

"鸡为能而食",它们能根据自身的能量需要,在其消化道生理容量范围内调节采食量。在寒冷季节,鸡体消耗能量多,而温暖季节能量消耗少。如果一年四季饲喂同一标准的饲粮,鸡在冬季的采食量提高,而炎热季节则下降。由于其他营养物质都是按百分比或单位重量中的含量配制的,鸡食入这些养分的绝对数量就随着采食量改变而发生变化，在寒冬超过需要的数量，而炎夏则不足。因此，在不同季节，应根据实际采食量调节能量以外各种养分的浓度。从表 1-14 可看出，适应采食量随季节改变，饲粮蛋白质浓度也相应变化；饲粮中其他养分的浓度同样也须随采食量变化作相应调整。

表 1-14　不同季节和不同产蛋率蛋鸡对饲粮蛋白质、能量水平的需要

产蛋率(%)	夏季			冬季		
	粗蛋白质(%)	代谢能(MJ/kg)	蛋能比	粗蛋白质(%)	代谢能(MJ/kg)	蛋能比
＞80	18	11.506	15.6	17	12.887	13.2
70～80	17	11.276	15.1	16	12.657	12.6
＜70	16	11.046	14.5	15	12.426	12.1

(三)适应饲料原料的变化

我国一些地区，在配制鸡饲粮时大量使用油饼粕与糟渣类饲料，饲粮的代谢能和粗蛋白质水平往往达不到饲养标准中的营养需要量。如上所述，由于鸡可通过在一定范围内调节采食量，以便食入所需绝对的代谢能量，只要饲粮中各种养分与代谢能的比值接近标准，也能得到良好的效果。研究与生产实践表明，蛋用鸡可能调节的范围是在代谢能 10.88～12.13 兆焦/千克(2.6～2.9 兆卡/千克)之间。提高这类饲粮效果的另一策略是计算可利用氨基酸的需要量。鸡对玉米、大豆粕和鱼粉中的氨基酸代谢率高，但对小麦、糠麸、菜籽饼(粕)、棉籽饼(粕)、向日葵饼(粕)等的氨基酸代谢率明显较低。按氨基酸总量计算时，玉米—大豆粕型饲粮的饲养效果会优于用其他粕、糟为主的饲粮；但若按可利用氨基酸计算，可能会取得相近的效果。

(四)视需要适当降低肉仔鸡饲粮的营养水平

肉仔鸡生长速度之快,超过了其心、肺功能所能负担的水平,常常因发生腹水综合征招致大量死亡,给肉仔鸡生产带来重大损失(特别是高海拔地区)。在饲粮各种营养较平衡的条件下,适度降低其饲养水平,虽能相应减慢其增重速度,延迟上市时间或降低屠宰活重,但可获得高的出栏率与经济效益。此项措施已为我国许多地区采用。据研究结果,在饲粮能量浓度为正常水平的 50% 时,肉仔鸡 35～42 日龄调节采食量的能力尚不完善,42～49 日龄时即能很好地调节采食量。因此,在考虑饲粮能量降低的幅度时,应注意肉仔鸡鸡调节采食量能力的特殊性。也有研究认为,肉仔鸡常常会过食,故在降低饲粮营养水平的同时,还须要注意监控投料量。

第二章 鸡常用饲料及其成分表的解析与应用

一、鸡常用饲料的分类

饲料种类繁多，每种饲料都具有各自的营养成分、营养价值范围与饲用特性。欲对各种饲料了如指掌，并恰如其分地利用它们，确非易事。但某些饲料的特性、成分与营养价值存在共性，按共性将饲料归类，便使我们对其有了基本的、概括的认识；再进一步剖析具有共性的各种饲料间的差异，就能较清晰地认识每种饲料，便于合理利用。按来源可将饲料区分为植物性饲料、动物性饲料、矿物性饲料和人工合成饲料；从提供营养物质的种类和数量考虑，可分为精饲料、粗饲料及富含某种营养物质的饲料等。这些早期的分类法，已不能适应现代化畜禽标准化饲养和饲料工业的要求。以下介绍国内外饲料学家们近期提出的饲料科学分类法与命名体系。

(一)国际饲料分类法及命名体系

为适应饲料工业和现代养殖业生产的需要及电子计算机的应用，美国的哈里斯(L. E. Harris，1963)提出了国际饲料分类法的原则和数字命名体系。首先按各种饲料干物质中的主要营养特性为基础，将饲料分成 8 大类。表 2-1 列出 8 大类饲料的类名及分类依据。

表 2-1　国际饲料分类的类名及分类依据

类　别	类　号	分类依据
粗饲料	1	粗纤维含量≥18%
青绿饲料	2	天然水分含量 60%以上的青绿植物
青贮饲料	3	天然水分含量 70%以上或半干青贮水分含量在 45%以上
能量饲料	4	粗纤维低于 18%，粗蛋白质低于 20%，净能≥4.18 兆焦/千克
蛋白质饲料	5	粗纤维低于 18%，粗蛋白质≥20%
矿物质饲料	6	
维生素饲料	7	
添加剂	8	

每一种饲料的标准名称包括 8 个内容，即：①来源（含母体物质）；②种，品种，类别；③实际采食部分；④原物质或用作饲料部分的加工和处理；⑤成熟阶段（仅适用于青饲料与干草）；⑥刈割茬次（适用于青饲料、干草）；⑦等级，质量说明、保证；⑧分类（按营养特性）。

可见，若以文字表达每种饲料的全名称比较繁琐。哈里斯采用了数字化饲料命名法，提出“3 节、6 位数、8 大类”分类命名体系：第 1 节（首位数）代表饲料所属的类别，共 8 大类，用 1～8 表示，第 2 节（第 2、3 位数）和第 3 节（第 4、5、6 位数）代表该饲料在此类饲料中的编号。每大类最高容纳 99 999 种饲料，整个分类体系可容纳 8×99 999＝799 992 种饲料。

这种饲料分类方法，已被世界多数国家认可和采用。也有不少国家（包括中国）是在国际分类法基础上，结合饲料与畜禽养殖实际情况，对本国饲料进行分类。

(二)中国饲料分类法及命名体系

我国以哈里斯饲料分类法为基础，结合国内饲料习惯分类法，将 8 大类饲料再分为 17 个亚类，称为“3 节、7 位数、8 大类、17 亚类”饲料分类编码法(表 2-2)。8 大类分类法与哈氏法相同，用 1～8 代表，占编码的第 1 节；第 2 节(第 2、3 位数字)表示从 01～17 亚类；第 3 节(第 4、5、6、7 位数字)为各类与亚类中每种饲料的编号，每个亚类中可容纳 9 999 个饲料标样。关于各种饲料划分的详细说明，请参考有关文献。

表 2-2　中国饲料分类编码

饲料分类名	中国饲料编码亚类序号	中国饲料分类与国际分类结合后可能出现的类别形式
青绿多汁饲料	01	2—01
树叶类饲料	02	1—02,2—02,5—02,4—02
青贮饲料	03	3—03
块根、块茎、瓜、果类饲料	04	2—04,4—04
干草类饲料	05	1—05,4—05,5—05
农副产品类饲料	06	1—06,4—06,5—06
谷实类饲料	07	4—07
糠麸类饲料	08	4—08,1—08
豆类饲料	09	5—09,4—09
饼粕类饲料	10	5—10,4—10,1—10
糟渣类饲料	11	5—11,4—11,1—11
草籽树实类饲料	12	1—12,4—12,5—12
动物性饲料	13	4—13,5—13,6—13
矿物质饲料	14	6—14
维生素饲料	15	7—15

续表 2-2

饲料分类名	中国饲料编码亚类序号	中国饲料分类与国际分类结合后可能出现的类别形式
饲料添加剂	16	8—16
油脂类饲料及其他	17	4—17

注:第 1 位数字为国际饲料分类编码,第 2、3 位数字为中国饲料分类亚类编码

引自张子仪主编,《中国饲料学》,中国农业出版社,2000

二、鸡常用饲料成分表的解析与应用

在介绍饲养标准的时候都须同时介绍与之配套的饲料营养价值与营养成分表,鸡饲养标准也不例外。只有正确参考饲养标准,用已知有效能(消化能、代谢能或净能)和各种营养成分含量的饲料,经过合理搭配组成饲粮,才能较好地满足畜禽的营养需要。最好的办法是先测定欲采用的各种饲料的营养成分与能量价值,但在生产实践中并非都能办到。一些自配饲料的大型养殖场和配合饲料工厂设有化验室,可测定饲料原料与成品饲料中水分、粗蛋白质、脂肪、钙、磷、食盐等成分的含量,但常缺乏测定饲料中有效能、氨基酸、微量元素、维生素含量等的手段,仍在一定程度上依赖饲料成分表。规模较小的养殖场(户),多无化验手段,在配制饲料时,主要依赖查饲料成分表,只在必要时请专门的化验室检测少数饲料原料的营养成分。因此,能读懂与正确运用饲料成分表是十分重要的。

本书所介绍的农业行业鸡饲养标准(NY/T 33—2004)中,也附有中国禽用饲料成分及营养价值表。共有 7 个表格(表 14 至表 20),即饲料描述及常规成分、饲料中氨基酸含量、饲料中矿物质及维生素含量、鸡用饲料氨基酸表观利用率、常用矿物质饲料中矿物元素的含量、常用维生素类饲料添加剂产品有效成分含量、鸡日粮

中矿物质元素的耐受量。其5个表格的数据可能引自中国饲料成分及营养价值表2004年第15版中国饲料数据库；其中所列的饲料原料主要是一些大宗的、适于大、中型养殖场和不同规模配合饲料工厂应用的，当然也涵盖了小型养殖场(户)所用的大部分饲料原料。但我国幅员辽阔，纬度跨寒、温、亚热带，地势、气候、土壤条件与种植作物种类的地域特点明显，必然有一些小宗的饲料原料可供小规模养殖场或散养户利用。故对最广泛使用的饲料描述和常规成分表(表14)，增添了一些具地方特点的饲料，与其他一些表格(表15，表17和表18)一起，以附录形式列在本书正文之后(附表1)，供读者查阅。

这里，摘列饲料描述和常规成分表中的部分饲料，与读者一起来阅读和理解其中各项目的含义，以及如何合理应用表中所列数据。另对饲料中氨基酸含量、饲料中矿物质及维生素含量、鸡用饲料氨基酸表观利用率等表格，作简单介绍。各表的序号，括号外为本章的顺序号，括号内为农业行业鸡饲养标准NY/T 33—2004的编号。

需要说明的是，农业行业鸡饲养标准NY/T 33—2004中，表头、饲料名称等均并列英文，此处省去；若读者需了解，可查阅原标准。

(一)饲料描述和常规成分表及说明

1. 饲料描述和常规成分表　见表2-3(14)。

表 2-3(14)　饲料描述及常规成分

序号	中国饲料号（CFN）	饲料名称	饲料描述	干物质（%）	粗蛋白质（%）	粗脂肪（%）	粗纤维（%）	无氮浸出物（%）	粗灰分（%）	中洗纤维（%）	酸洗纤维（%）	钙（%）	总磷（%）	非植酸磷（%）	鸡代谢能	
															Mcal/kg	MJ/kg
1	4-07-0278	玉　米	成熟，高蛋白，优质	86.0	9.4	3.1	1.2	71.1	1.2	—	—	0.02	0.27	0.12	3.18	13.31
2	4-07-0288	玉　米	成熟，高赖氨酸，优质	86.0	8.5	5.3	2.6	67.3	1.3	—	—	0.16	0.25	0.09	3.25	13.60
3	4-07-0279	玉　米	成熟，GB/T 17890—1999，1级	86.0	8.7	3.6	1.6	70.7	1.4	9.3	2.7	0.02	0.27	0.12	3.24	13.56
4	4-07-0280	玉　米	成熟，GB/T 17890—1999，2级	86.0	7.8	3.5	1.6	71.8	1.3	—	—	0.02	0.27	0.12	3.22	13.47
5	4-07-0272	高　粱	成熟，NY/T 1级	86.0	9.0	3.4	1.4	70.4	1.8	17.4	8.0	0.13	0.36	0.17	2.94	12.30
6	4-07-0270	小　麦	混合小麦，成熟，NY/T 2级	87.0	13.9	1.7	1.9	67.6	1.9	13.3	3.9	0.17	0.41	0.13	3.04	12.72
23	5-09-0127	大　豆	黄大豆，成熟，NY/T 2级	87.0	35.5	17.3	4.3	25.7	4.2	7.9	7.3	0.27	0.48	0.30	3.24	13.56

续表 2-3(14)

序号	中国饲料号（CFN）	饲料名称	饲料描述	干物质（%）	粗蛋白质（%）	粗脂肪（%）	粗纤维（%）	无氮浸出物（%）	粗灰分（%）	中洗纤维（%）	酸洗纤维（%）	钙（%）	总磷（%）	非植酸磷（%）	鸡代谢能	
															Mcal/kg	MJ/kg
24	5-09-0128	全脂大豆	湿法膨化，生大豆为NY/T 2级	88.0	35.5	18.7	4.6	25.2	4.0	—	—	0.32	0.40	0.25	3.75	15.69
25	5-10-0241	大豆饼	机榨，NY/T 2级	89.0	41.8	5.8	4.8	30.7	5.9	18.1	15.5	0.31	0.50	0.25	2.52	10.54
26	5-10-0103	大豆粕	去皮，浸提或预压浸提，NY/T 1级	89.0	47.9	1.0	4.0	31.2	4.9	8.8	5.3	0.34	0.65	0.19	2.40	10.04
27	5-10-0102	大豆粕	浸提或预压浸提，NY/T 2级	89.0	44.0	1.9	5.2	31.8	6.1	13.6	9.6	0.33	0.62	0.18	2.35	9.83
35	5-10-0031	向日葵仁饼	壳仁比为35：65，NY/T 3级	88.0	29.0	2.9	20.4	31.0	4.7	41.4	29.6	0.24	0.87	0.13	1.59	6.65
36	5-10-0242	向日葵仁粕	壳仁比为16：84，NY/T 2级	88.0	36.5	1.0	10.5	34.4	5.6	14.9	13.6	0.27	1.13	0.17	2.32	9.71

续表 2-3(14)

序号	中国饲料号(CFN)	饲料名称	饲料描述	干物质(%)	粗蛋白质(%)	粗脂肪(%)	粗纤维(%)	无氮浸出物(%)	粗灰分(%)	中洗纤维(%)	酸洗纤维(%)	钙(%)	总磷(%)	非植酸磷(%)	鸡代谢能	
															Mcal/kg	MJ/kg
45	4-10-0026	玉米胚芽饼	玉米湿磨后的胚芽，机榨	90.0	16.7	9.6	6.3	50.8	6.6	—	—	0.04	1.45	—	2.24	9.37
46	4-10-0244	玉米胚芽粕	玉米湿磨后的胚芽，浸提	90.0	20.8	2.0	6.5	54.8	5.9	—	—	0.06	1.23	—	2.07	8.66
47	5-11-0007	DDGS	玉米啤酒糟及可溶物，脱水	90.0	28.3	13.7	7.1	36.8	4.1	—	—	0.20	0.74	0.42	2.20	9.20
50	5-13-0044	鱼粉(CP 64.5%)	7样平均值	90.0	64.5	5.6	0.5	8.0	11.4	—	—	3.81	2.83	2.83	2.96	12.38
54	5-13-0036	血粉	鲜猪血，喷雾干燥	88.0	82.8	0.4	0.0	1.6	3.2	—	—	0.29	0.31	0.31	2.46	10.29
55	5-13-0037	羽毛粉	纯净羽毛，水解	88.0	77.9	2.2	0.7	1.4	5.8	—	—	0.20	0.68	0.68	2.73	11.42

续表 2-3(14)

序号	中国饲料号(CFN)	饲料名称	饲料描述	干物质(%)	粗蛋白质(%)	粗脂肪(%)	粗纤维(%)	无氮浸出物(%)	粗灰分(%)	中洗纤维(%)	酸洗纤维(%)	钙(%)	总磷(%)	非植酸磷(%)	鸡代谢能	
															Mcal/kg	MJ/kg
56	5-13-0038	皮革粉	废牛皮，水解	88.0	74.7	0.8	1.6	—	10.9	—	—	4.40	0.15	0.15	—	—
57	5-13-0047	肉骨粉	屠宰下脚，带骨干燥，粉碎	93.0	50.0	8.5	2.8	—	31.7	32.5	5.6	9.20	4.70	4.70	2.38	9.96
58	5-13-0048	肉　粉	脱　脂	94.0	54.0	12.0	1.4	—	—	31.6	8.3	7.69	3.99	—	2.20	9.20
59	1-05-0074	苜蓿草粉(CP19%)	一茬盛花期，烘干，NY/T1 级	87.0	19.1	2.3	22.7	35.3	7.6	36.7	25.0	1.40	0.51	0.51	0.97	4.06
63	7-15-0001	啤酒酵母	啤酒酵母菌粉，QB/T1940-94	91.7	52.4	0.4	0.6	33.6	4.7	—	—	0.16	1.02	—	2.52	10.54
76	4-07-0005	菜籽油		99.0	0.0	≥98	0.0	—	—	—	—	0.00	0.00	0.00	9.21	38.53

2. 对饲料描述和常规成分表的说明

其一，中国饲料号 CFN 是我国饲料数据库对每种饲料的编号(CFN 为拼音缩写)，共有 7 位数字，分成 3 节，第 1 节为分类号，如表 2-3(14)中凡第 1 位数字为 1 者为粗饲料类，4 为蛋白质补充饲料类，5 为能量饲料类，7 为添加剂类；第 2 节的两位数表示每大类中的亚类，第 3 节的 4 位数字是每种饲料的编号。在正文饲料分类部分已作详细介绍。

其二，表中列出的绝大部分饲料名称为人所熟知，有些蛋白质饲料名称中列出了粗蛋白质含量，文名 CP 为粗蛋白质英文名(crude protein)的缩写。序号 47 的饲料名称 DDGS 是其英文名(distillers dried grains plus solubles)的缩写，中文名是酒糟及其残液干燥物。

其三，饲料描述一栏表述了与饲料质量有关的多种特性，现分别说明。

①GB/T 为中华人民共和国饲料质量分级标准，NY/T 为中华人民共和国农业行业饲料质量分级标准；一般均分为 3 级，对水分、粗蛋白质、粗纤维等的含量范围有具体规定(详见正文中鸡常用饲料)。QB/T 是中华人民共和国行业标准。

②序号 1、2 分别为通过育种技术选育出的高蛋白质和高赖氨酸玉米，3、4 为一般品种玉米。

③有些饲料(草)收获时的成熟状况(或生育期)与调制方法影响其营养成分，表中均予以说明；如表中序号 1～6(玉米、高粱、小麦)与 23(大豆)均为成熟的籽实，序号 59(苜蓿草粉)是用盛花期收割的第一茬苜蓿青草烘干(人工脱水)成的，其中所含粗蛋白质、胡萝卜素等可能高于相同原料田间晒干者，但缺乏维生素 D。

④序号 24 的饲料名为全脂大豆，其饲料描述栏中写明：湿法膨化。大豆是最重要的油料作物，此处是不经提油而完整地用作饲料。为防止大豆中抗营养因子对动物健康和生产性能产生不利

影响，对大豆(此处用 NY/T 2 级生大豆)进行湿法(或干法)膨化技术处理，破坏其中的抗营养因子。

⑤大豆、油菜籽、亚麻籽、葵花籽等均为重要的油料作物，一般均将其子实的油脂提出，用副产品(油饼或油粕)作蛋白质补充饲料。通常采用两种工艺提油，即机榨法和溶剂浸提法，前者的副产品称为油饼，后者为油粕(包括先预压榨再进行溶剂提取的副产品)。向日葵子实可带壳或去部分壳后提取，大豆可去皮后提油(提示：此表饲料描述中对大豆粕的 NY/T 分级，与本部分鸡常用饲料的营养特点和饲用特性中引用的 NY/T 分级标准不同)，这些处理均可提高饼粕的蛋白质含量。在饼粕类饲料的描述栏中，可见到类似的说明。

⑥序号 54 为血粉，描述栏注明该产品是用鲜猪血经喷雾干燥法制成的。这种产品较加热凝固、干燥、粉碎制成的产品为好。

⑦序号 55 羽毛粉与 56 皮革粉，分别是用纯净羽毛或废牛皮经水解工艺制成的。羽毛与皮革均是角蛋白质，不经水解制成的产品难于被畜禽消化吸收。

⑧序号 57 肉骨粉是用屠宰下脚料(包括内脏等人不能利用的部分)，带骨进行干燥、粉碎制成。序号 58 肉粉，是将屠宰过程中人不能利用的肉(不带骨)，脱去脂肪后干燥而成的。

⑨序号 63 为啤酒酵母，是啤酒酵母菌粉，与酵母饲料不同。后者是将酵母菌接种在饼粕类等饲料中，使酵母菌在一定培养条件下以饲料为底物进行繁殖，再经干燥制成的蛋白质饲料(包括培养底物和酵母菌细胞)。

其四，在表头饲料描述栏之后分别列出了各种营养成分和代谢能，不同饲料的数值是其相应营养成分的含量和代谢能浓度。概略养分测定法将饲料中养分区分为 6 大类，即水分(从 100 中减去水分含量之差称干物质)、粗蛋白质、粗脂肪、粗纤维、无氮浸出物(包括糖与淀粉)、粗灰分；在本测定体系中无氮浸出物含量是计算出的，并非实测（无氮浸出物％＝100％－水分％－粗蛋白质％－粗脂肪％－粗纤维％－粗灰分％）。除水分外，上述各组分都包括多种组成成分；如粗纤维包括纤维素、半纤维素与木质素，粗灰分包括各种矿物质元素及带入的一些泥土与沙石。但粗纤维分析值通常低于真实值，与之相比，用新的分析体系测出的中性洗涤纤维（包括纤维素、半纤维素和木质素）与酸性洗涤纤维（包括纤维素与木质素）值，能较准确地反映饲料的真实情况。钙和磷是饲料中含量最大，也是畜禽需要量最高的矿物质元素，常规饲料成分表均列出二者的含量；本表同时列出总磷与非植酸磷（或称有效磷）含量。代谢能以两种单位列出（Mcal/kg，MJ/kg），以适应使用者的习惯。

（二）饲料中氨基酸含量表及说明

饲料中氨基酸含量见附表2（15）。该表列出了饲料描述与常规成分表所包含的67种饲料的氨基酸含量（未列入不含蛋白质或蛋白质含量很低的饲料），从中国饲料号与饲料名称可看出与表2-3（14）中饲料的对应关系。为方便计算与应用，本表中也列出各种饲料的干物质与粗蛋白质含量。

本表中列出了12种氨基酸含量，均是对生长鸡必需的氨基酸。在鸡饲养标准中列出了脯氨酸需要量，但本表未给出饲料中脯氨酸含量。

（三）饲料中矿物质及维生素含量表及说明

在农业行业鸡饲养标准NY/T 33—2004的表16中，列出了饲料描述与常规成分表[表2-3（14）]所列67种饲料的9种矿物质元素（常量元素4种，微量元素5种）和11种维生素的含量，同时还列出了亚油酸的含量。

不同地区产出的、不同生育阶段利用的、用不同方法加工的同一种饲料中，上述矿物质元素与维生素的含量可能有较大的差异。对所用饲料采样实测最好，但实践中难以做到。在饲料配制中，一般不计入饲料本身所含的上述矿物质元素与维生素含量，而将其作为安全裕量（即安全系数），另以预混料形式按营养需要的推荐值进行添加。但在某种元素缺乏或过多的地区，或用富集某些元素的饲料（某些植物种能较其他植物种从土壤中吸收与累积较多的某种元素）时，仍须考虑饲料本身的含量。如缺硒地区生产的饲料中硒含量低于一般地区，而富硒地区产出的饲料则可能含高量的硒，对这两类地区的畜禽硒添加量应有不同。鱼粉、肉粉、肉骨粉和玉米为原料的酒糟与残液干燥物（DDGS）中食盐含量多（故钠与氯均多），设计饲料配方时若用到此类饲料，应将其中所含的食盐（钠与氯）计入。

（四）鸡用饲料氨基酸表观利用率表及说明

在农业行业鸡饲养标准 NY/T 33—2004 中，表 17 的表题为“鸡用饲料氨基酸表观利用率”，而从其并列的英文（Apparent Digestibility of Amino Acids in Feed Ingredients Used for Poultry）意为“鸡用饲料氨基酸表观消化率”。家禽可利用氨基酸被界定在代谢率阶段上，但尿中排出的氨基酸极少，故代谢率与消化率的数值差异很小。

本表列出了 23 种鸡用饲料的氨基酸表观利用率[见附录表 3(17)]，它们的氨基酸含量均可在附录表 2(15) 中查到。

饲料中的氨基酸主要以蛋白质形式存在（饲料中也含有游离氨基酸，青饲料和发酵的饲料中尤其多）。在动物肠胃道内，这些蛋白质被消化，释放出的各种氨基酸才能被肠壁吸收。但各种饲料的蛋白质消化率参差不齐，也即其氨基酸可被吸收利用的程度不等。从附表 3(17) 可看出，玉米与高粱中各种氨基酸的表观利用率大致相近，均高于小麦；同是大豆脱去脂肪的副产物，大豆粕各种氨基酸的表观利用率高于大豆饼;棉籽饼(粕)、菜籽饼(粕)、向日葵饼(粕)等其他饼粕类,以及羽毛粉、苜蓿草粉中各种氨基酸的表观利用率均较低。以往配制饲粮时,是使总氨基酸含量接近推荐值;但在用氨基酸消化利用率不等的饲料作为原料时,即使配出的饲粮总氨基酸相近,鸡从中消化吸收的氨基酸数量却有高低之分,故饲养效果会有所不同。若以可消化(或可利用)氨基酸为基础配合饲粮,即使用不同原料配出的饲粮,也能配出可消化(或可利用)氨基酸相近的饲粮,自然会产生相近的饲养效果。将附表2(15)中某饲料的氨基酸含量,乘上本表中相应的氨基酸利用率,即得到其可利用氨基酸含量。如从附表2(15)和附表3(17)中分别查出,小麦含赖氨酸0.30%,其赖氨酸表观利用率为76%,则其可利用赖氨酸含量为0.23%(0.30%×76%)。

三、鸡常用饲料的营养特性与质量标准

许多因素影响饲料的成分与营养价值,不同来源、不同批次的同一种饲料的成分与营养价值,可能存在明显的差异,并非完全与饲料成分表中的数值符合,某些情况下可能相去甚远。除了饲料成分表中列出的成分外,还有一些对饲料消化利用产生有利或有害作用的成分,显著影响其饲用价值。深入地了解这些方面的知识,有助于合理利用饲料,获得良好的饲养效果。

鸡的消化系统解剖结构与生理特点,限制了其利用饲料的范畴。规模化饲养条件下,蛋鸡与肉鸡饲粮主要由能量饲料、蛋白质饲料(豆类饲料、饼粕类饲料、糟渣类饲料和动物性饲料)、矿物质饲料、维生素饲料和添加剂组成,仅能利用2%～10%的优质牧草粉(苜蓿粉、槐叶粉、松针粉等);散养方式下可利用一部分青绿多汁饲料(青绿牧草、叶菜、块根块茎类等)。

(一)能量饲料

谷实类、糠麸类、块根块茎与瓜果类饲料中,按干物质计粗纤维含量低于18%,粗蛋白质低于20%,有效能值高的饲料属能量饲料;油脂也属于能量饲料。此类饲料组成鸡饲粮的50%～80%,是鸡获得能量的主要来源。在规模化蛋鸡与肉鸡养殖中,主要用谷实类饲料和少量糠麸类饲料,有时也采用少量油脂。

1. 谷实类饲料　玉米是喂鸡最理想的能量饲料,在非玉米产区多用稻谷、碎米、小麦及其次粉。

(1)玉米籽实　玉米属含高能量的谷类饲料,约含代谢能15.9兆焦/千克(鸡,干物质基础),适口性好。淀粉含量可高达70%,粗纤维仅2%左右。其粗蛋白质含量低(不同类型玉米籽实介于7.1%～10.9%),品质差,缺少赖氨酸、蛋氨酸、色氨酸等必需氨基酸。大多数矿物质、微量元素不能满足鸡的需要;最缺乏钙,总磷约0.25%,其中50%～60%以植酸磷形态存在。黄玉米中含胡萝卜素、叶黄素,用于喂蛋鸡、肉鸡可改善蛋黄色泽,也影响肉鸡皮肤颜色,其效优于苜蓿粉的胡萝卜素。玉米中粗脂肪含量约4%,有的高油玉米品种高达10%,若粉碎后放置时间过长易酸败,宜保存完整的玉米粒。入仓玉米的水分含量应低于14%,以免贮存过程中发霉变质。玉米在各类鸡饲粮中的配比为30%～70%。若加工成粉料,应将玉米破碎成小粒饲喂,雏鸡可细些,喂成鸡或大鸡的颗粒大一点;若加工成肉仔鸡颗粒饲料,可磨成面,便于混匀和使颗粒压得更紧密。

在感官品质上,玉米籽粒应整齐、均匀,脐(着生于玉米轴上的部分,也称果柄)色鲜亮,外观呈白色或黄色,无发霉、变质、结块及异味。杂质(包括能通过直径3.0毫米筛的物质、无饲用价值的玉米及玉米以外的物质)总量不得超过1%。饲用玉米的质量标准见表2-4。

表 2-4 饲料用玉米的质量标准*

项目	一级	二级	三级
粗蛋白质(以干物质计,%)	≥10.0	≥9.0	≥8.0
容重(g/L)	≥710	≥685	≥660
不完善粒**总量(%)	≤5.0	≤6.5	≤8.0

*中华人民共和国国家标准 GB/T 17890—1999

**不完善粒包括虫蚀粒、病斑粒、破损粒、生芽粒、热损伤粒

(2)小麦(含次粉)

①小麦:不同来源与不同品种小麦的营养成分差异很大。全粒中含粗蛋白质约 14%(范围为 11%~16%),在谷实类中仅次于大麦;但必需氨基酸含量都较低,尤其是赖氨酸和苏氨酸含量低。小麦的粗纤维含量低,代谢能含量仅次于玉米。其矿物质、微量元素含量优于玉米;总磷的一半是植酸磷。B 族维生素和维生素 E 含量多,胡萝卜素、维生素 D 和维生素 C 极少。与玉米相比,小麦对产蛋鸡的饲料效率稍差。给鸡喂细磨小麦,可在嗉囊中蓄积面团状物质,影响消化和饲料利用,易粘喙(致饲料浪费)和致喙坏死,也易产生脏蛋。用小麦喂鸡时应粉碎得粗一些,其在饲粮中的比例应限制在 10%~30%范围内(有的建议为 10%~20%)。

②次粉:次粉(又称黑面、黄粉等)是以小麦为原料磨制各种面粉后的副产品之一,因加工工艺与出麸率不同,次粉的组成、成分与营养价值相差很大。约含粗蛋白质 14%(变动于 11%~18%),粗脂肪 2%~3%(介于 0.4%~5.0%),无氮浸出物平均为 65%(变动于 53%~73%),代谢能值可高达 13.75 兆焦/千克,但质量差的次粉几乎与小麦麸相差无几。次粉用作饲料嫌细,对消化不利,鸡饲粮中用量一般不应超过 30%。

饲用小麦与饲用次粉的质量标准见表 2-5。

表 2-5 饲料用小麦与饲用次粉的质量标准

项目		一级	二级	三级
小麦*	粗蛋白质(%)	≥14.0	≥12.0	≥10.0
	粗纤维(%)	<2.0	<3.0	<3.5
	粗灰分(%)	<2.0	<2.0	<3.0
次粉**	粗蛋白质(%)	≥13.0	≥11.0	≥9.0
	粗纤维(%)	<2.0	<2.5	<3.0
	粗灰分(%)	<2.0	<2.5	<3.5

* 中华人民共和国农业行业标准 NY/T 117—1989

** 中华人民共和国农业行业标准 NY/T 211—1992

(3)稻谷(含糙米、碎米)

①稻谷：稻谷中含粗蛋白质约 8%，无氮浸出物 60%以上，粗纤维 8%；其中缺乏赖氨酸、蛋氨酸等必需氨基酸；也缺乏各种必需矿物质元素。带壳稻谷属低档能量饲料，食用或饲用前须脱壳。

②糙米和碎米：糙米中含粗蛋白质 8%～9%，与高粱相近，蛋白质品质亦差；含淀粉 70%左右，粗脂肪 2%，有效能值高，是良好的能量饲料。除锌外，所有必需微量元素都不能满足鸡的需要。用糙米喂育成鸡和产蛋鸡的效果好，但蛋黄颜色变浅。

碎米的营养成分变异最大，粗蛋白质含量介于 5%～11%，粗纤维含量变动于 0.2%～2.7%，无氮浸出物在 61%～82%范围内。粗纤维含量低而无氮浸出物高的碎米，营养价值与玉米相当。其氨基酸含量变异也较大，均不能满足鸡的需要。在鸡饲粮中可用 20%～40%。

饲用稻谷和饲用糙米的质量标准见表 2-6。

表 2-6 饲料用稻谷与饲用碎米的质量标准

项	目	一 级	二 级	三 级
稻 谷*	粗蛋白质(%)	≥8.0	≥6.0	≥5.0
	粗纤维(%)	<9.0	<10.0	<12.0
	粗灰分(%)	<5.0	<6.0	<8.0
碎 米**	粗蛋白质(%)	≥7.0	≥6.0	≥5.0
	粗纤维(%)	<1.0	<2.0	<3.0
	粗灰分(%)	<5.0	<2.5	<3.5

*以 86%干物质为基础计算,中华人民共和国农业行业标准 NY/T 116—1989

**以 86%干物质为基础计算,中华人民共和国农业行业标准 NY/T 212—1992

(4)其他谷类饲料 高粱、大麦均可作鸡饲料,但现今主要被用作制造白酒或啤酒。粟(谷子)脱颖后称为小米,近年种植面积小,主要供人食用;在雏鸡开食料中加一定比例(10%左右)的小米有利于雏鸡较快学习采食。黑麦、燕麦等也很少用作鸡的饲料。国外研究者曾用含裸燕麦 50%(取代玉米)的饲粮喂 28~43 日龄的肉鸡,与喂含玉米饲粮鸡相比,其生长率相同或更优。蛋鸡饲粮中裸燕麦达 60%时,产蛋量仍不受影响,且蛋稍大。以上各种谷类饲料,除粟(谷子)外,均缺乏胡萝卜素和叶黄素,用量大会降低蛋黄的着色度。

2. 糠麸类饲料 小麦麸、米糠的资源最为丰富,其他糠麸饲料也可用作鸡饲料。

(1)小麦麸 是以小麦为原料加工面粉所得副产品,由于出粉率不同,其营养价值变异较大。小麦麸属粗蛋白质含量较高、粗纤维也较高的中低档能量饲料;其粗蛋白质含量相对高于小麦;含磷量高,但大部分是植酸态磷。小麦麸在成年蛋鸡饲粮中可占7%~10%,但产蛋鸡饲粮能量浓度高,限制了其用量;育成鸡饲粮中小麦麸的适宜比例为 5%~7%。肉仔鸡饲粮的能量浓度高于蛋鸡,故小麦麸用量也较低。

小麦麸感官上应是细屑或片状，色泽新鲜一致，无发霉、变质、结块及异味。水分不超过13%，不得含小麦麸以外的物质。饲用小麦麸的质量标准见表2-7。

表2-7 饲料用小麦麸的质量标准*

项 目	一 级	二 级	三 级
粗蛋白质(%)	≥15.0	≥13.0	≥11.0
粗纤维(%)	<9.0	<10.0	<11.0
粗灰分(%)	<6.0	<6.0	<6.0

* 中华人民共和国农业行业标准 NY/T 119—1989

(2)米糠、米糠饼(粕)

①米糠：米糠是精制糙米时的副产品，包括稻谷的皮糠层部分及胚芽。它属于粗蛋白质含量较高的糠麸类能量饲料，但蛋白质质量较差，各种必需氨基酸都不能满足鸡的需要。米糠中存在具高度活性的胰蛋白酶抑制剂，若多喂未经灭活处理的米糠，会引起蛋白质消化障碍和雏鸡胰腺肥大。其钙少，磷、锰和B族维生素含量多，但80%以上的磷是植酸磷。米糠含粗脂肪15%～17%，其中不饱和脂肪酸的比例大，且脂酶活性高，易酸败变质致适口性降低，故不宜久藏。有试验证明，25℃下贮存12天的米糠即可抑制雏鸡的生长。决定于碾米工艺，米糠中可能混入不等量的稻壳(砻糠)，会使米糠的代谢能与其他营养物质的浓度下降，并降低适口性。稻壳对畜禽毫无营养价值，米糠中掺杂的稻壳可能是抑制家禽生长的主要因素。

未脱脂米糠一定要在新鲜状态下饲喂，故不宜作配合饲料的原料。雏鸡对米糠的消化利用比成鸡差，蛋鸡比肉鸡能耐受较高水平的米糠。对米糠的适宜喂量仍存争议。国外一些研究证明，蛋鸡饲粮中米糠的最高限量为450克/千克，达到600克/千克时，对产蛋量、蛋壳厚度和蛋黄色泽均有不良影响，但含米糠饲粮可提高蛋重（因亚油酸含量高）。国内有的养鸡手册建议，成年鸡和雏鸡饲粮中，米糠的适宜用量为5%以下，最高允许量为7%；也有较高的建议量，如雏鸡用量为8%，成鸡用量不超过12%。国外研究用脱脂米糠作为饲粮的稀释剂，以使肉鸡早期生长减慢，但不影响肉鸡总的生长性能。

②米糠饼（粕）：国内将米糠榨油后得到米糠饼（压榨法）和米糠粕（溶剂浸提），粗脂肪含量分别为9%和1%，粗蛋白质为14%和16%，仍属于能量饲料。国外均用溶剂提取法对米糠脱脂，称其产品为脱脂米糠；其中脂肪含量低，故可久存。但与未脱脂米糠相比，其代谢能值降低，而其他营养成分相应提高。

饲用米糠、米糠饼、米糠粕的质量标准见表2-8。

表2-8 饲料用米糠、米糠饼、米糠粕的质量标准

项目		一级	二级	三级
米 糠*	粗蛋白质（%）	≥13.0	≥12.0	≥11.0
	粗纤维（%）	<6.0	<7.0	>8.0
	粗灰分（%）	<8.0	<9.0	<10.0
米糠饼**	粗蛋白质（%）	≥14.0	≥13.0	≥12.0
	粗纤维（%）	<8.0	<10.0	>12.0
	粗灰分（%）	<9.0	<10.0	<12.0
米糠粕***	粗蛋白质（%）	≥15.0	≥14.0	≥13.0
	粗纤维（%）	<8.0	<10.0	>12.0
	粗灰分（%）	<9.0	<10.0	<12.0

*以86%干物质为基础，中华人民共和国农业行业标准 NY/T 122—1989

**以86%干物质为基础，中华人民共和国农业行业标准 NY/T 123—1989

***以86%干物质为基础，中华人民共和国农业行业标准 NY/T 124—1989

3. 油脂类 油脂含有效能值高（多数植物油含鸡代谢能在

34.02～40.42 兆焦/千克之间)，鸡(特别是肉仔鸡)饲粮添加油脂，是为了提高饲粮的能量浓度。油脂的能量转化率高于碳水化合物，因而在鸡饲粮中以油脂替代一定比例的碳水化合物可提高饲喂效果。通常在肉仔鸡饲粮中添加油脂 1%～3%。添加油脂还可减少饲料粉尘和饲料的浪费，并有利于减少饲料加工机械磨损和颗粒料成型。

(二)蛋白质饲料

蛋白质饲料是以干物质计，粗纤维含量在 18%以下，粗蛋白质含量在 20%以上的饲料。它们的能量含量约与能量饲料相当，但粗蛋白质含量高，因而能弥补能量饲料中粗蛋白质含量的不足。蛋白质饲料包括豆类饲料、饼粕类饲料、动物性蛋白质饲料、单细胞蛋白质饲料和非蛋白质含氮化合物饲料。家禽饲粮中一般不用非蛋白质含氮化合物饲料。

1. 豆类饲料　大豆与黑大豆含脂肪较高，通常先榨油，用残渣(饼、粕)作饲料；现时也有将全脂大豆处理后直接作饲料的，目的是提高饲粮的能量浓度。其他豆类，如豌豆、蚕豆等含脂肪量均不高，可直接饲用；它们的粗蛋白质含量明显低于大豆，在规模化养鸡生产中较少使用。各种豆类均含有不同种类和数量的抗营养因子，饲用前应进行热处理(110℃，3 分钟可使其失活；一般可蒸煮或焙炒，使其断生，但不能过熟)。

(1)**大豆**　大豆中约含粗蛋白质 35%，粗脂肪 17%，有效能值与高档能量饲料相当。氨基酸组成及消化率均属上品，其赖氨酸含量约比蚕豆、豌豆高出 70%，但蛋氨酸少是其缺点。大豆中含钙较低，总磷较高，但总磷中约 1/3 是植酸磷。生大豆的蛋白质与氨基酸的消化与利用效率差，因其含多种抗营养物质(有胰蛋酶抑制因子、脲酶、外源血凝素、致肠胃气胀因子、抗维生素因子、α-淀粉酶抑制因子、单宁、植酸、皂角苷、草酸及一些抗原性蛋白质等)。

适当进行加热处理，使抑制生长因子失活，可提高饲用价值。蛋鸡饲粮中大豆用量宜在10%～25%。

表 2-9 饲料用大豆的质量标准*

项目	一级	二级	三级
粗蛋白质(%)	≥36.0	≥35.0	≥34.0
粗纤维(%)	<5.0	<5.5	<6.5
粗灰分(%)	<5.0	<5.0	<5.0

* 中华人民共和国农业行业标准 NY/T 135—1989

(2)黑大豆　是大豆的一个变种，粗蛋白质含量约35%，粗纤维含量为5%左右。与同级黄大豆相比，其粗蛋白质与粗纤维含量均高出1～2个百分点，而粗脂肪含量低1～2个百分点。必需氨基酸含量较黄大豆低些，蛋氨酸更显缺乏。黑大豆中铁含量较高，但钙、磷含量都较低，其他微量元素也不能满足鸡的需要。生黑大豆也含有脲酶等抑制因子，须加热处理后再饲用。蛋鸡饲粮中的适宜用量同大豆。

饲料用黑大豆的质量标准见表2-10。

表 2-10 饲料用黑大豆的质量标准*

项目	一级	二级	三级
粗蛋白质(%)	≥37.0	≥35.0	≥33.0
粗纤维(%)	<6.0	<7.0	<8.0
粗灰分(%)	<5.0	<5.0	<5.0

* 中华人民共和国农业行业标准 NY/T 134—1989

(3)豌豆　在常态下，豌豆干物质中约含粗蛋白质24%，粗纤维7%，粗脂肪2%。个别品种中粗蛋白质含量达不到干物质的20%。豌豆中氨基酸组成不及大豆，赖氨酸较丰富，其他必需氨基酸含量较低，特别是含硫氨基酸和色氨酸不能满足鸡的需要。豌豆中也含有胰蛋白酶抑制因子、外源植物凝集素、致胃肠气胀因子和色氨酸抑制剂等,不宜生喂和多喂。成年蛋鸡饲粮中豌豆的适宜比例为10%～15%,育成鸡为7%～10%。

(4)蚕豆 风干蚕豆中含粗蛋白质22%～27%,粗纤维8%～9%,故未脱皮蚕豆的有效能值较低。蚕豆中赖氨酸含量高,但蛋氨酸、胱氨酸等必需氨基酸短缺,与豌豆蛋白质质量相似;总氨基酸含量与消化率都低于大豆。蚕豆籽实含单宁0.04%,种皮中含0.18%;也含一定量的胰蛋白酶抑制因子等抗营养物质。蛋鸡饲粮中蚕豆的适宜配比约与豌豆相近。

2. 饼粕类及其他制造业副产品 饼粕类是将油料籽实榨油后所得副产品。用机械压榨法榨油所剩残渣称油饼,其中残油较多;用溶剂从油籽中提取油(或先压榨,再溶剂提取)后所剩残渣为油粕,其残油量少。由于油被提出,饼粕中其他营养成分的含量均相应提高(即高于油籽)。各种饼粕类均含有一定的抗营养因子,在使用前应进行脱毒或限制其在饲粮中的用量。配鸡饲粮时,不宜用菜籽饼、棉籽饼、胡麻仁饼完全替代大豆饼(粕),否则会造成产蛋鸡因肝破裂或出血死亡。应以其中1种或几种按适当比例与大豆饼(粕)混用。

(1)大豆饼(粕) 大豆饼和大豆粕中残油分别为5%～7%与1%～2%;故与大豆饼相比,大豆粕的有效能值较低,而粗蛋白质及氨基酸含量较高。大豆饼、粕含各种必需氨基酸,但蛋氨酸和胱氨酸的含量不理想。榨油工艺中进行适当的加热处理,可降低大豆饼(粕)中抗营养因子含量,但过分加热会减少可利用的赖氨酸和精氨酸等的含量,降低蛋白质的营养价值。大豆饼(粕)缺乏B族维生素与维生素K,必须加添加剂或鱼粉予以补足。与谷实类相比,大豆饼(粕)是较好的钙、磷来源。

由于大豆饼、粕粗蛋白质含量高(一般在40%以上),氨基酸组成较好,适当加热处理的大豆饼(粕)常被用作平衡配合饲料氨基酸的蛋白质饲料。鸡饲粮中大豆粕用量可达30%～40%。

感官上要求大豆饼为黄褐色饼状或片状，碎豆饼为不规则小块状；豆粕为黄褐色或淡黄色不规则碎片状。色泽应新鲜一致，无发霉、变质、结块及异味。水分含量应低于13%，不得含有大豆饼粕以外的物质。生熟度应适宜（黄白色或略显绿色为偏生，深红色至褐色为过熟）。饲用大豆饼的质量标准见表2-11。

表2-11 饲用大豆饼的质量标准

项	目	一 级	二 级	三 级
大豆饼*	粗蛋白质(%)	≥41.0	≥39.0	≥37.0
	粗脂肪(%)	<8.0	<8.0	<8.0
	粗纤维(%)	<5.0	<6.0	<7.0
	粗灰分(%)	<6.0	<7.0	<8.0

* 中华人民共和国农业行业标准 NY/T 130—1989

现在市场上出售的大豆粕有去皮与带皮之分，国家已对两种大豆粕分别提出技术指标与质量分数（表2-12）。表中给出了反映大豆粕生熟度的指标，尿素酶活性若高于0.3毫克/分·克，说明大豆粕偏生，其中仍含抗胰蛋白酶等抗营养因子，影响饲料蛋白质的消化；如果氢氧化钾蛋白质溶解度低于70.0%，表明加工过程中热处理过度，会使赖氨酸等多种氨基酸的消化率降低。

表2-12 大豆粕的技术指标及质量分数*

项 目	带皮大豆粕		去皮大豆粕	
	一 级	二 级	一 级	二 级
水分(%)	≤12.0	≤13.0	≤12.0	≤13.0
粗蛋白质(%)	≥44.0	≥42.0	≥48.0	≥46.0
粗纤维(%)	≤7.0		≤3.5	≤4.5
粗灰分(%)	≤7.0		≤7.0	

续表 2-12

项　目	带皮大豆粕		去皮大豆粕	
	一　级	二　级	一　级	二　级
尿素酶活性(以氨态氮计)[毫克/分·克]	≤0.3		≤0.3	
氢氧化钾蛋白质溶解度(%)	≥70.0		≥70.0	

注:粗蛋白质、粗纤维、粗灰分三项指标以88%或87%干物质为基础算出

* 中华人民共和国国家标准 GB/T 19541—2004

(2)菜籽饼(粕)　菜籽饼中含粗蛋白质35%～36%,菜籽粕相应为37%～39%。菜籽饼、粕干物质中一般含粗纤维12%～13%,属低能量蛋白质饲料;有的含粗纤维18%以上,按国际分类原则应属粗饲料。菜籽饼(粕)赖氨酸含量较高,约超出猪、鸡需要量的1倍,含硫氨基酸、色氨酸、苏氨酸也基本能满足鸡的需要量。富含铁、锰、锌、硒,但缺铜,其总磷中约60%以上是植酸磷。菜籽饼(粕)中含异硫氰酸酯、噁唑烷硫酮(OZT)等致甲状腺肿的物质,限制了其在鸡饲粮中用量(一般菜籽饼、粕的配比不高于7%);含植酸2%左右,国产菜籽饼粕含单宁0.52%,影响养分的消化与利用。鸡饲粮中"双低"菜籽饼(粕)的配比可较高,因其中噁唑烷硫酮和异硫氰酸等含量低。用含低脂肪"双低"菜籽饼20%的饲粮喂蛋鸡,对产蛋率、鱼腥蛋比例及增重几乎无影响。

感官上要求菜籽饼为片状,菜籽粕为不规则块状或粉状,黄色、浅褐色或褐色,色泽新鲜一致,具菜籽油特有的芳香味;无发霉、变质、结块及异味,不得含有菜籽饼(粕)以外的物质;水分含量不超过10%。饲料用菜籽饼与菜籽粕的质量标准见表2-13。

表 2-13　饲料用菜籽饼与菜籽粕的质量标准

	项　目	一　级	二　级	三　级
菜籽饼*	粗蛋白质(%)	≥37.0	≥34.0	≥30.0
	粗脂肪(%)	＜10.0	＜10.0	＜10.0
	粗纤维(%)	＜14.0	＜14.0	＜14.0
	粗灰分(%)	＜12.0	＜12.0	＜12.0
菜籽粕**	粗蛋白质[a](%)	≥39.0	≥37.0	≥35.0
	中性洗涤纤维[a](%)	≤28.0	≤31.0	≤35.0
	硫苷[a](μmol/g)	≤40.0	≤75.0	不要求
	粗纤维[a](%)		≤12.0	
	粗脂肪[a](%)		≤3.0	
	粗灰分[a](%)		＜8.0	
	水分[b](%)		≤12.0	

* 中华人民共和国农业行业标准 NY/T 125—1989

** 中华人民共和国农业行业标准 NY/T 126—2005。其中：a 项目均以 88%干物质为基础；b 项目以风干基础计算

(3)棉籽饼(粕)　去壳棉籽饼(粕)的蛋白质品质属饼(粕)中较优者；但赖氨酸含量低，为第一限制性氨基酸，且精氨酸高达3.67%～4.14%，还会影响赖氨酸的吸收与利用；蛋氨酸含量为0.36%～0.38%。棉籽饼(粕)含磷、铁、锌较丰富；植酸磷也较高。棉仁含棉酚，对动物有害；棉籽油及棉籽饼的残油中均含 1%～2%的环丙烯类脂肪酸。一般认为，禽饲粮中游离棉酚含量不应超过 100 毫克/千克(据不同研究报道，对鸡生长发育有害的最低游离棉酚浓度范围为 40～180 毫克/千克)，棉籽粕在鸡饲粮中的适宜比例为 5%～10%。中国农业科学院畜牧所推荐，产蛋鸡饲粮中未脱毒棉籽饼最高用量为 3%，雏鸡和生长鸡为 8%～10%。对产蛋鸡须特别谨慎，因棉籽饼粕中所含环丙烯脂肪酸，会影响鸡蛋

的品质;即使饲粮中棉籽饼粕含量较低,亦会使鸡蛋贮存过程中蛋黄发生橄榄绿变色、蛋黄变硬及蛋白呈粉红色;且可降低产蛋率与孵化率。棉籽饼(粕)中还含一定量单宁和植酸,会影响蛋白质、氨基酸、矿物质元素的利用率。

感官要求棉籽饼为小瓦片状、粗屑状或饼状,棉籽粕为不规则的碎块。黄褐色,色泽新鲜一致,无霉变、虫蛀、结块。无异味异臭。不得含有棉籽饼(粕)以外的物质。水分含量不超过12%。饲用棉籽饼的质量标准见表2-14。

表 2-14 饲料用棉籽饼质量标准*

项 目	一 级	二 级	三 级
粗蛋白质(%)	≥40	≥36	≥32
粗纤维(%)	<10	<12	<14
粗灰分(%)	<6	<7	<8

* 中华人民共和国农业行业标准 NY/T 129—1989

(4)花生仁饼(粕) 花生仁饼、粕含粗蛋白质分别为45%和48%,其质量不及豆饼。赖氨酸、蛋氨酸和色氨酸缺乏;精氨酸含量很高,可能影响赖氨酸的吸收与利用;其氨基酸的消化率也较低。不带壳花生饼的粗纤维含量一般为4%～6%;目前,许多花生原料中或多或少带壳,其壳含粗纤维60%以上,因而降低了饼(粕)的营养价值。机榨花生仁饼含粗脂肪4%～6%,高者可达11%～12%。残油可供能,但易氧化酸败,不利保存。花生粕含有单宁,生花生粕还含胰蛋白酶抑制剂(约为生大豆粕的20%)。残油少的花生饼、粕一般多经高温、高压处理,蛋白质变性,利用率降低。花生仁饼粕易感染黄曲霉毒素(特别是在温暖潮湿的环境中收获及贮存时),易致禽中毒。从安全角度考虑,花生仁粕在鸡饲粮中的用量应在4%以下。

□感官要求花生仁饼为小瓦片状或圆扁块状,花生仁粕为黄褐色或浅褐色不规则碎屑状。色泽新鲜一致,无发霉、变质、结块及异味异臭。不得含花生仁饼(粕)以外的物质。水分含量不超过12%。对非新鲜货源,应于入库前检测黄曲霉毒素。饲用花生仁饼、花生仁粕的质量标准见表2-15。

表 2-15 饲料用花生仁饼与花生仁粕的质量标准

项 目		一 级	二 级	三 级
花生仁饼*	粗蛋白质(%)	≥48.0	≥40.0	≥36.0
	粗纤维(%)	<7.0	<9.0	<11.0
	粗灰分(%)	<6.0	<7.0	<8.0
花生仁粕**	粗蛋白质(%)	≥51.0	≥42.0	≥37.0
	粗纤维(%)	<7.0	<9.0	<11.0
	粗灰分(%)	<6.0	<7.0	<8.0

* 中华人民共和国农业行业标准 NY/T 132—1989

* * 中华人民共和国农业行业标准 NY/T 133—1989

(5)亚麻仁饼(粕)及胡麻仁饼(粕) 亚麻仁饼(粕)是用亚麻籽为原料,以机榨法或有机溶剂浸提法取油后的副产品。亚麻仁饼(粕)的营养成分受残油率、壳仁比等原料质量、加工工艺、主副产品比例的影响。其粗蛋白质及各种氨基酸含量与菜籽饼(粕)近似,蛋氨酸与胱氨酸少,粗纤维约8%,其蛋白质品质和有效能在饼粕类中属中下等水平。脱壳亚麻仁饼(粕)的营养价值明显提高。

胡麻籽饼(粕)是以胡麻籽为原料,用机榨法或有机溶剂浸提法取油后的副产品。胡麻籽是我国西北地区生产的,以油用型亚麻籽为主体,混杂有芸芥籽、黑芥籽、油菜籽的油料作物籽实混合物的俗称。胡麻籽饼(粕)的营养成分随胡麻籽组成比例而变。据抽查,将纯亚麻籽饼与芸芥籽等生成的油饼按8∶2混合,残脂率分别为8%和2%,其粗蛋白质含量为33%和36%,粗纤维为9%和10%,粗灰分相应为6%与7%。

用亚麻饼或胡麻饼作为饲料,主要应防止氢氰酸(HCN)中毒。亚麻中含有亚麻苦苷和亚麻酶，温度、pH 值适当和有水分时，发生酶解生成氢氰酸。少量的氢氰酸在动物体内可因糖的参与而解毒，其量过多时可引起中毒。氢氰酸又与氨基酸代谢有关，在正常配合饲料中增加维生素 B_6 的用量，有利于有毒物质从体内排出。亚麻籽外皮含有黏液细胞，加水拌和即成黏稠状，会影响鸡采食，同时会形成黏性粪便（挂笼）。用水浸泡处理可除去此对家禽有害的因素。用亚麻仁饼（粕）喂鸡的效果不理想，曾报道用含5%亚麻仁饼饲粮饲喂的雏鸡生长缓慢。成年鸡饲粮中的适宜用量为 5%～6%，育成鸡为 2%～3%。

亚麻仁饼（粕）和胡麻籽饼应为呈褐色的片状或饼状，亚麻仁粕和胡麻籽粕为浅褐色或黄色不规则块状、粗粉状，无霉变、结块、异味及异臭。水分含量不超过 12%。不得有亚麻仁饼（粕）和胡麻饼（粕）以外的物质。亚麻仁饼、粕的质量标准见表 2-16。

表 2-16　饲料用亚麻仁饼、粕的质量标准

项	目	一级	二级	三级
亚麻仁饼*	粗蛋白质（%）	≥32.0	≥30.0	≥29.0
	粗纤维（%）	<8.0	<9.0	<10.0
	粗灰分（%）	<6.0	<7.0	<8.0
亚麻仁粕*	粗蛋白质（%）	≥35.0	≥32.0	≥29.0
	粗纤维（%）	<9.0	<10.0	<11.0
	粗灰分（%）	<8.0	<8.0	<8.0

* 中华人民共和国农业行业标准 NY/T 216—1992

** 中华人民共和国农业行业标准 NY/T 217—1992

（6）向日葵仁饼（粕）　其营养价值主要因壳仁比的差异而变化甚大。我国向日葵饼粕的粗蛋白质平均含量为 23%，变动于14%～43%；其粗纤维含量高于 18%（平均 20.4%），按国际饲料分类原则应属粗饲料类；一些粗纤维低于 18% 的向日葵仁饼

(粕),可划入蛋白质饲料,但有效能也低,不及糠麸类;脱脂向日葵仁粗蛋白质含量可高达48.6%,赖氨酸含量达1.63%。向日葵饼粕中赖氨酸和其他必需氨基酸含量也明显较低,故其在家禽饲粮中用量达到5%时就需要添加合成氨基酸。向日葵仁饼(粕)中铁、锌含量丰富,其总磷约一半为植酸磷。

向日葵饼(粕)中所含抗营养因子,尤其是纤维性物质,如果胶和阿糖基木聚糖,是造成其蛋白质消化率与利用率低于大豆粕蛋白质的主要因子。向日葵粕中绿原酸含量高,此酸抑制水解酶的活性;添加氨基酸有助于缓解此酸产生的有害作用。

产蛋鸡饲粮中向日葵籽饼(粕)用量一般宜在10%以下,脱壳向日葵籽饼(粕)用量可达20%以下。饲粮中向日葵仁粕添加量很大时,家禽的生产性能下降,健康状况和产品质量也降低,粪便含较多水分,脏蛋增加。以粉状向日葵仁饼(粕)喂雏鸡,易粘在喙周围,影响采食量。

感官要求向日葵仁饼为黄色或褐色片状或块状,向日葵仁粕为浅灰色或黄褐色不规则碎块、碎片或粗粉。色泽新鲜一致,无发霉、变质、结块及异味,水分不超过12%,不得掺入其他物质。饲用向日葵仁饼、粕的质量标准见表2-17。

表2-17 饲料用向日葵仁饼、粕的质量标准

项	目	一 级	二 级	三 级
向日葵仁饼*	粗蛋白质(%)	≥41.0	≥39.0	≥37.0
	粗纤维(%)	<5.0	<6.0	<7.0
	粗灰分(%)	<6.0	<7.0	<8.0
向日葵仁粕**	粗蛋白质(%)	≥44.0	≥42.0	≥40.0
	粗纤维(%)	<5.0	<6.0	<7.0
	粗灰分(%)	<6.0	<7.0	<8.0

* 中华人民共和国农业行业标准 NY/T 128—1989

* * 中华人民共和国农业行业标准 NY/T127—1989

(7)芝麻饼(粕)　机榨芝麻饼中残脂为8%～11%，粗蛋白质40%；有机溶剂浸提的芝麻粕中相应为2%～3%和42%～44%；粗纤维含量相对较高，为6%～10%。与大豆粕相比，芝麻粕中赖氨酸显著较低，而蛋氨酸、胱氨酸及其他必需氨基酸较高，且氨基酸的消化率高于花生粕、菜籽粕、向日葵仁粕等。但生产小磨香油时芝麻被炒熟，其饼中的氨基酸利用率相对较低。芝麻饼钙、磷含量较高，但植酸磷比例大，还含有草酸盐，亦对钙、磷的吸收利用不利。

不宜用芝麻饼(粕)作家禽饲粮唯一的蛋白质来源。据国外试验，芝麻粕可在肉鸡饲粮中提供总粗蛋白质的30%以下，提供产蛋鸡饲粮总粗蛋白质的23.6%以下。芝麻饼(粕)喂量太高，可能引起鸡脚软和生长抑制。实践中应避免用芝麻饼粕喂雏鸡。

(8)玉米胚芽粕　是以玉米胚芽为原料制油的副产品。含粗蛋白质18%～20%，粗脂肪1%～2%，粗纤维11%～12%，其氨基酸组成与玉米蛋白饲料相似。按国际饲料分类法，大部分产品属中档能量饲料。其限制性氨基酸含量均低于玉米蛋白粉及棉、菜籽饼(粕)的含量。鸡饲粮中用量不可太多。

(9)苏子饼　是从苏子种子中取油后的副产品。用旧式机榨法生产的苏子饼含粗蛋白质35%～38%，粗纤维含量6%～8%，赖氨酸含量较高(约1.87%)。其有效能较低，约与棉籽饼、菜籽饼相仿。苏子饼中约含单宁0.64%和植酸3.61%，会对蛋白质、钙、磷及多种微量元素的利用产生不良影响。机榨法生产的苏子饼有苏子特有的臭味，影响其适口性，采用浸提法可大大减轻。

(10)玉米蛋白粉　是提取玉米淀粉工艺中所获得的一种副产品，属有效能值较高的蛋白质饲料，粗蛋白质含量高达60%以上(国外有41%以上和60%以上两种规格)。其氨基酸利用率可与豆饼相比；蛋氨酸含量很高，与蛋白质含量相同的鱼粉相当；赖氨酸和色氨酸严重不足；精氨酸含量较高。玉米蛋白粉在蛋用鸡饲粮中的用量不可太多，因其质地很细，用量过多使饲粮的适口性降低。玉米蛋白粉含类胡萝卜素很高，是很好的着色剂。饲用玉米蛋白粉的质量标准见表 2-18。

表 2-18　饲料用玉米蛋白粉的质量指标及分数*

项　目	一　级	二　级	三　级
水分(%)	≤12.0	≤12.0	≤12.0
粗蛋白质(%,干基)	≥60.0	≥55.0	≥50.0
粗脂肪(%,干基)	≤5.0	≤8.0	≤10.0
粗纤维(%,干基)	≤3.0	≤4.0	≤5.0
粗灰分(%,干基)	≤2.0	≤3.0	≤4.0

* 中华人民共和国农业行业标准 NY/T 685—2003

(11)酒糟及其残液干燥物(DDGS)　酿酒的原料有玉米、高粱和大麦，不同原料制酒(或啤酒)后，获得的 DDGS 成分和营养价值存在一定的差异。与高粱和大麦 DDGS 相比，玉米 DDGS 的粗纤维含量低，粗蛋白质与代谢能较高。与原料相比，同原料 DDGS 的无氮浸出物含量与有效能值(仍在能量饲料范围内)下降，其他成分高于原料，粗蛋白质含量在 21.6%～36.4%之间(附表 1 中 DDGS 的粗蛋白质含量为 28.3%)，达到蛋白质补充饲料标准。由于其粗纤维含量(10.4%～20.1%)高，鸡饲粮中用量不可太多；DDGS 钠含量高，设计鸡饲粮配方时应将其计入，相应减少食盐的配比。

3. 动物性蛋白质饲料　包括乳品及其加工副产品(乳粉、脱脂乳粉、乳清粉等)、屠宰与肉品、鱼业加工副产品(鱼粉、肉粉、肉骨粉、血粉等)。这些产品均含有较高的粗蛋白质，除血粉外，粗蛋白质的质量也较好。羽毛粉、皮革粉是用制作羽绒、皮革等的下脚料，经水解工艺制成的蛋白质饲料。其蛋白质含量很高，但质量差，且不易消化利用。鸡饲料中一般不用乳品及其加工副产品。

(1)鱼粉　是配制全价配合饲料用的高档蛋白质补充料，但其营养成分因原料质量不同而差异较大，规格也很多(用全鱼生产的鱼粉质量较高，用鱼骨与下脚料生产者质量差)。鱼粉的蛋白质含量高，其中赖氨酸、蛋氨酸、色氨酸含量也高(赖氨酸4%～6%，含硫氨基酸2%～3%，色氨酸0.6%～0.8%)；含铁、锌、钙、磷、硒较高，铜、锰较低。钠、氯含量过高者为掺盐鱼粉。我国规定一级、二级、三级鱼粉的粗蛋白质含量分别为55%、50%和45%(表2-18)。有些国产鱼粉因原料品种、加工工艺不规范及掺杂，产品质量参差不齐。进口鱼粉中以秘鲁鱼粉和白鱼粉质量较好，粗蛋白质含量可达60%以上，含硫氨基酸约比国产者高1倍，赖氨酸也明显高于国产鱼粉。通常，鱼粉在鸡全价饲料中的配比低于10%，因其价格高，多数饲粮中用量为2%～3%。雏鸡料中鱼粉(尤其是质量差的鱼粉)配比不宜过高，否则易造成糊肛。

鲱鱼、本鲱鱼与鲤科鱼类，含有破坏硫胺素的酶，特别是鱼开始腐烂时，会释放大量硫胺素酶，故大量摄入生鱼会引起硫胺素缺乏症。在利用劣质或加热不充分的鱼粉时应考虑提高硫胺素的添加量。鱼粉中还含0.3毫克/千克的活性极高的肌胃糜烂素，可引起肌胃溃疡、出血，使鸡发生“黑色呕吐病”，并可引起十二指肠炎症，影响营养物质吸收。采用含食盐过多的鱼粉(及碾碎的腌制鱼干)时，应注意避免食盐中毒。饲粮中含鱼粉太多时，鸡蛋和鸡肉有鱼腥味。为防止鱼腥味，美国要求鸡饲粮中鱼粉使用量在1%以下。

鱼粉外观应呈淡黄色、棕褐色、红棕色、褐色或青褐色粗粉状，稍有鱼腥味，纯鱼粉口感有鱼肉松的香味。不得含砂及鱼粉外的物质，无酸败、氨臭、虫蛀、结块及霉变，水分含量不超过12%，挥发性氨氮(氨态氮)不超过0.3%。饲用鱼粉的质量标准见表2-19。大宗进货时，最好抽样检验品质合格后再成交，特别要提防以添加鱼粉的混合料冒充鱼粉出售。

表 2-19　饲用鱼粉的质量标准*

项　目	特级品	一级品	二级品	三级品
色　泽	红鱼粉黄棕色、黄褐色等鱼粉正常颜色；白鱼粉呈黄白色			
组　织	膨松、纤维状组织明显、无结块、无霉变	较膨松、纤维状组织较明显、无结块、无霉变		松软粉状物、无结块、无霉变
气　味	有鱼香味，无焦灼味和油脂酸败味		具有鱼粉正常气味，无异臭、无焦灼味和明显油脂酸败味	
粗蛋白质(%)	≥65	≥60	≥55	≥50
粗脂肪(%)	≤11(红) ≤9(白)	≤12(红) ≤10(白)	≤13	≤14
水分(%)	≤10	≤10	≤10	≤10
盐分(以 NaCl 计)(%)	≤2	≤3	≤3	≤4
灰分(%)	≤16(红) ≤18(白)	≤18(红) ≤20(白)	≤20	≤23
砂分(%)	≤1.5	≤2	≤3	
赖氨酸(%)	≥4.6(红) ≥3.6(白)	≥4.4(红) ≥3.4(白)	≥4.2	≥3.8
蛋氨酸(%)	≥1.7(红) ≥1.5(白)	≥1.5(红) ≥1.3(白)	≥1.3	
胃蛋白酶消化率(%)	≥90(红) ≥88(白)	≥88(红) ≥86(白)	≥85	
挥发性盐基(VBN)(mg/100g)	≤110	≤130	≤150	
油脂酸价(KOH)(mg/g)	≤3	≤5	≤7	
尿素(%)	≤0.3		≤0.7	
组胺(mg/kg)	≤300(红)	≤500(红)	≤1000(红)	≤1500(红)
	≤40(白)			
铬(以 6 价铬计)(mg/kg)	≤8			

续表 2-19

项 目	特级品	一级品	二级品	三级品
粉碎粒度(%)	≥96%(通过筛孔为 2.8mm 的标准筛)			
杂质(%)	不含非鱼粉原料的含氮物质(植物油饼粕、皮革粉、羽毛粉、尿素、血粉、肉骨粉等)以及加工鱼露的废渣			

* 摘编自中华人民共和国国家标准 GB/T 19164—2003
注:(红)—红鱼粉,(白)—白鱼粉

(2)血粉 优质血粉中赖氨酸含量比国产鱼粉高出 1 倍,含硫氨基酸与进口鱼粉相近,可达 1.7%,色氨酸(1.1%)高出鱼粉 1 倍。总的氨基酸组成极不平衡,含丰富的赖氨酸、蛋氨酸、胱氨酸和亮氨酸,亮氨酸是异亮氨酸的 10 倍以上。血粉适口性差,易引起腹泻;其粗蛋白质与氨基酸的消化与利用率不高,饲喂年龄较小的鸡会影响其生长,用于年龄较大的鸡宜限制到饲粮的 1%～2%。饲用血粉的质量标准见表 2-20。

表 2-20 饲料用血粉的质量标准*

项 目		标 准	
感官指标	性 状	干燥粉粒状物	
	气 味	具有本制品固有气味,无腐败变质气味	
	色 泽	暗褐色或褐色	
	颗粒度	能通过 2～3 毫米孔筛	
	杂 质	不含砂石等杂质	
理化指标		一级	二级
	粗蛋白质(%)	≥80	≤70
	粗纤维(%)	<1	<1
	水分(%)	≤10	≤10
	粗灰分(%)	≤4	≤6

中华人民共和国粮油行业标准 SB/T 3407—1994

(3)肉骨粉　因原料不同,质量差异较大,粗蛋白质含量变化于20%～50%之间,粗脂肪含量8%～18%,粗灰分含量为26%～40%,赖氨酸为1%～3%,含硫氨基酸含量为3%～6%,色氨酸含量低(不足0.5%),其他营养成分差异也较大。一般在鸡饲粮中的配比以6%以下为宜。肉骨粉的质量标准见表2-21。

表2-21　肉骨粉的质量标准*

项目		一级	二级	三级
感官指标	色泽	褐色或灰色	灰褐色或棕色	灰色或棕色
	状态	粉状	粉状	粉状
	气味	无异味	无异味	无异味
理化指标	粗蛋白质(%)	≥26	≥23	≥20
	水分(%)	≤9	≤10	≤12
	粗脂肪(%)	≤8	≤10	≤12
	钙(%)	≥14	≥12	≥10
	磷(%)	≥8	≥5	≥3

* 中华人民共和国商业部行业标准《骨粉及肉骨粉》SB/T 8936—1988

(4)羽毛粉　羽毛粉中含粗蛋白质80%～85%,含硫氨基酸居所有天然饲料之首,缬氨酸、异亮氨酸的含量均居前列,但赖氨酸、色氨酸含量不高。因加工方法不同,其生物学利用率差异较大。给产蛋鸡多喂羽毛粉,不仅产蛋率下降,蛋重也变小,应将用量限制在5%以内(提示:未经水解处理,直接将羽毛晒干磨成粉状,是不能喂鸡的)。饲用羽毛粉的质量标准见表2-22。

表2-22　饲料用水解羽毛粉质量标准*

项目	一级	二级
性状	干燥粉粒状	
色泽	淡黄色、褐色、深褐色、黑色	

续表 2-22

项　目	一　级	二　级
气　味	具有水解羽毛粉正常气味,无异味	
粉碎粒度	通过的标准筛孔径不大于 3mm	
未水解的羽毛粉(%)	≤10	
水分(%)	≤10.0	
粗脂肪(%)	≤5.0	
胱氨酸(%)	≥3.0	
粗蛋白质(%)	≥80.0	≥75.0
粗灰分(%)	≤4.0	≤6.0
砂分(%)	≤2.0	≤3.0
胃蛋白酶-胰蛋白复合酶消化率(%)	≥80.0	≥70.0

* 中华人民共和国农业行业标准 NY/T 915—2004

(5)蚕蛹　蚕蛹的一半以上为粗蛋白质,1/4 以上为脂肪,既可用作蛋白质补充饲料,又可补充饲粮中能量之不足。其脂肪中不饱和脂肪酸较多,过夏陈旧后呈白色或褐色,不便贮存。含几丁质,是构成成虫及甲壳类动物外壳的主要成分,不易消化。蚕蛹的钙磷比为 1∶4～5,可用作动物性磷源饲料。其各种限制性氨基酸含量可与鱼粉相比,富含赖氨酸,含硫氨基酸与色氨酸也较鱼粉高出约 1 倍;未脱脂蚕蛹的有效能值也与鱼粉近似。新鲜蚕蛹核黄素含量极高,是牛肝的 5 倍,卵黄的 20 倍。其主要缺点是具有异臭,用 1%过氧化氢或 0.5%高锰酸钾在 55℃下浸泡 1 昼夜,再烘干,可除臭,但对各种营养成分破坏性很大。蚕蛹价格昂贵,鸡饲粮中用量一般为 3%～5%。饲用蚕蛹的质量标准见表 2-23。

表 2-23　饲料用柞蚕蛹的质量标准*

项　目	一　级	二　级	三　级
粗蛋白质(%)	≥54.0	≥49.0	≥44.0
粗纤维(%)	<4.0	<5.0	<6.0
粗灰分(%)	<4.0	<5.0	<6.0

*中华人民共和国农业部行业标准 NY/T 137—1989

4. 氨基酸饲料　是发酵工业制取或工业合成的必需氨基酸产品，在配制鸡饲料时添加少量以补足常规饲料中某种必需氨基酸的差额。按照饲料分类，它们应属于蛋白质饲料。但在饲料与养殖生产中也常将它们视作营养性(氨基酸)添加剂。

在10多种必需氨基酸中，可作饲料添加剂的商品化产品约有六七种，但有些新产品当前还处于试验研究阶段，尚未商品化。我国有赖氨酸和蛋氨酸生产厂家，这两种氨基酸产品在家禽生产实践中应用较普遍。

(1)赖氨酸　只有L-型赖氨酸具有生物活性。目前主要用L-赖氨酸盐酸盐作为饲料添加剂，干燥品中赖氨酸盐酸盐($C_6H_{14}N_2O_2 \cdot HCl$)含量应≥98.5%。L-赖氨酸盐酸盐含赖氨酸79.24%，盐酸20.76%，在配制饲粮时应按产品中赖氨酸含量进行折算。

(2)蛋氨酸　猪禽生产中主要用DL-蛋氨酸，国标规定其干燥品中蛋氨酸($C_5H_{11}NO_2S$)含量应≥98.5%，在实际应用时不需要折算。

羟基蛋氨酸是L-蛋氨酸的前体，其钙盐为蛋氨酸羟基类似物钙盐。动物小肠中存在D-羟基酸脱氢酶，能使羟基蛋氨酸转化成L-蛋氨酸。我国标准规定，羟基蛋氨酸钙盐产品中蛋氨酸钙盐含量≥97%，即蛋氨酸含量≥85.5%。

(3)其他氨基酸　如色氨酸、苏氨酸、甘氨酸等，国外已作为添加剂应用。因需要进口，我国当前生产中很少使用。

(三)青饲料、青干草与青贮料

按照国际饲料分类法，青干草、青饲料和青贮料分别属于第1、2、3三大类，是草食动物饲粮中主要的、也是最常用的饲料；按干物质计，它们均含有较多(一般在18%以上)的粗纤维。在蛋鸡、肉鸡及其他禽类(鹅例外)饲粮中，这三类饲料只能在一定限度内使用。前已述及，在规模化饲养的蛋鸡与肉鸡饲粮中，可加少量优质青干草粉，如人工脱水苜蓿草粉或田间干燥的优质苜蓿草粉，槐树叶粉也常用于鸡饲粮。在散养鸡饲粮中，常常饲喂一部分青绿牧草(如比较幼嫩的青苜蓿，切记不可喂量过多)和绿色叶菜类(小白菜，或大白菜和甘蓝外部的绿叶等)。可以将其切碎后拌入配合饲料或混合饲料中饲喂，也可单独饲喂。胡萝卜按干物质属于能量饲料类，但其水分含量高、多汁，在散养鸡生产中常以与青饲料同样的方式利用；喂前须将其切碎或擦碎(用擦子)。可将胡萝卜制成青贮饲料喂鸡。把擦碎的胡萝卜按重量比混入15%的糠麸，混匀后装入缸中，压实并于表面覆盖一层塑料布，上面加土20～30厘米厚，再用泥密封。缸内原料发酵1个月后即成鸡专用青贮胡萝卜，在缺乏青绿饲料的季节可将其拌入配合饲料或混合料中喂鸡。青贮发酵完成所需时间与气温有关，温暖季节室外温度即可；在冬春寒冷季节，将缸放在室内较适宜。

优质青干草、青绿牧草、叶菜类均含有丰富的胡萝卜素与其他一些维生素，豆科牧草中粗蛋白质含量高且品质优良(绿叶蛋白质中赖氨酸含量高)，还常含一些生物活性物质，对鸡的健康与生产有益。其中所含纤维性物质也是维持鸡消化道正常生理活动所必需的。红色胡萝卜中含胡萝卜素非常丰富。表2-24中列入鸡饲养中常用青干草、青绿饲料的主要营养成分与营养价值。

用青绿饲料、鲜胡萝卜或青贮胡萝卜喂鸡时，其用量不可过多，一般不要超过饲粮总重量的20%。因鸡消化道容积小，而这些饲料水分含量高，饲喂比例过大会使鸡吃不到足够的干物质、有效能量和其他营养物质，影响鸡生长和生产。

表 2-24 鸡常用青干草粉与青绿多汁饲料的营养成分及营养价值

饲料名称	干物质(%)	粗蛋白质(%)	粗纤维(%)	钙(%)	总磷(%)	非植酸磷(%)	代谢能(兆焦/千克)
苜蓿草粉(NY/T一级)	87.0	19.1	22.7	1.40	0.51	0.51	4.06
苜蓿草粉(NY/T二级)	87.0	17.2	25.6	1.52	0.22	0.22	3.64
苜蓿草粉(NY/T三级)	87.0	14.3	21.6	1.34	0.19	0.19	3.51
槐叶粉	90.3	18.1	11.0	2.21	0.21	0.21	3.97
苜蓿(盛花期)	26.2	3.8	9.4	0.34	0.01	0.01	—
三叶草(现蕾)	11.4	1.9	2.1	—	—	—	—
三叶草(初花期)	13.9	2.2	3.3	—	—	—	—
三叶草(盛花期)	12.7	1.8	3.3	—	—	—	—
甘蓝包外叶	7.6	1.2	1.2	0.12	0.02	0.02	—
大白菜(小白口)	4.4	1.1	0.4	0.06	0.04	0.04	—
大白菜(大青口)	4.6	1.1	0.4	0.04	0.04	0.04	—
胡萝卜	12.0	1.1	1.2	0.15	0.09	0.04	1.55

(四)矿物质饲料

1. 常量矿物质元素补充饲料

(1)*石灰石粉* 是天然的碳酸钙，其中含钙35%左右(高品位石灰石含钙约38%，中等者为33%～35%，含钙低于28%的白云石碳酸钙含镁高，不宜作产蛋鸡的钙源)，是补充钙最廉价的矿物质饲料。用作钙源的石灰石中，铅、汞、砷、氟的含量必须不超过安全量。中华人民共和国国家标准饲料卫生标准规定，对石灰石粉中有毒有害元素的限量(以88%干物质为基础计算)是：砷≤10毫克/千克，铅≤10毫克/千克，汞≤0.1毫克/千克，氟≤2 000毫克/千克，镉≤0.75毫克/千克。美国饲料检验员协会(AAFCO)要求其含钙在33%以上。

(2)贝壳粉 包括蚌壳、牡蛎壳、哈蛎壳、螺丝壳等，是加工食品所余副产品，经粉碎制成的灰色或灰白色粉末(产蛋鸡饲粮中宜用一部分颗粒)。其主要成分也是碳酸钙，优质者含碳酸钙95%以上；还含有少量的蛋白质和磷。用死贝壳制得的贝壳粉不含蛋白质等成分。贝壳粉和石灰石粉的含钙量相近，在34%～38%之间，二者在饲料配方中可以互换。

(3)蛋壳粉 由蛋品加工厂或大型孵化厂收集的蛋壳，经灭菌、干燥、粉碎而成，含钙量为30%～35%。蛋品加工后的蛋壳或孵化出雏后的蛋壳，都残留一些壳膜和一些蛋白质(约占4%)。

(4)骨粉 动物杂骨经高压蒸或煮、脱脂、脱胶后，干燥、粉碎制成。其基本成分是磷酸钙，含钙30%～36%，含磷11%～16%，另有少量镁和其他元素。脱脂或脱胶较差的骨粉有时还含少量蛋白质和脂肪，故钙、磷含量较低。骨粉中的氟量很高，可达3 500毫克/千克，但配合饲料中骨粉的用量有限(1%～2%)，不致因添加骨粉而氟中毒。

不经脱脂、脱胶和热压灭菌，直接将骨头磨碎成粉状，被称为生骨粉。产品中有较多的脂肪和蛋白质，钙、磷含量较低，易酸败和变质，有传染疾病的危险，不宜作钙、磷饲料用。

中华人民共和国内贸行业标准骨粉及骨肉粉(NM 8936—1988)规定，饲料用一级骨粉的理化指标是：钙≥25%，磷≥13%；

钙＜20％且磷＜16％者为等外品。

(5)磷酸钙盐　含钙和磷，是化学工业生产的产品。最常用的是磷酸氢钙($CaHPO_4$)，可溶性较其他同类产品好，畜禽对其中钙、磷的吸收利用率也高。有无水磷酸氢钙和2水磷酸氢钙两种，它们的含钙量分别为29.6％和23.29％，含磷量相应为22.77％与18.0％。常见市售磷酸氢钙(2水)产品含钙20％～23％，含磷16％～18％。

(6)磷酸钠盐　含磷和钠，是化学工业产品，有磷酸氢二钠和磷酸二氢钠。两种产品的无水物(Na_2HPO_4、NaH_2PO_4)分别含磷21.82％和25.81％，含钠32.40％和19.17％。磷酸氢二钠的12水物含磷8.7％，钠12.84％。磷酸二氢钠的1水物与2水物含磷相应为22.44％和19.85％，含钠16.67％与14.74％。

(7)食盐　化学名为氯化钠。钠、氯是动物所必需的矿物质元素，添加食盐可同时提供该两元素。海盐和矿盐中氯化钠含量均在95％以上；商品食盐含钠38％、氯58％，另有少量的镁、碘等元素。

饲用食盐应有较细的粒度，美国饲料制造者协会(AFMA)建议，应100％通过30目筛。食盐吸湿性强，易结块，可在其中添加流动性好的二氧化硅等抗结块剂。但此类物质不可超过1.5％。

畜禽饲养中也可用碘化食盐，即食盐中加入不低于0.007％的碘，若加碘化钾则必须同时添加稳定剂；碘酸钾(KIO_3)较为稳定，可不加稳定剂。

2. 微量元素矿物质饲料　家禽饲粮中经常添加的微量元素有铁、铜、锰、锌、硒、碘，一般不添加钴(添加维生素B_{12})。铁、铜、锰、锌源有硫酸盐、碳酸盐、氯化物和氧化物，近年来提倡用各种有机酸盐(如蛋氨酸锌、蛋白铁、蛋氨酸铁等)；我国用硫酸盐体系较多。硫酸亚铁有7水物和1水物，二者含铁分别为20.09％和

32.9%。硫酸铜有5水物和无水物，含铜量分别为25.44%和39.81%；1水、4水和7水硫酸锰分别含锰32.5%、24.6%和19.8%。1水和7水硫酸锌分别含锌36.4%和22.7%。在微量元素预混料中常用1水物(将7水或5水物烘制而成)。氧化锌含锌量为80.34%，其稳定性好，价格低，用量近年在增加。常用无水的碘化钾(含碘76.4%，含钾23.6%)、碘酸钾(含碘59.3%)和碘酸钙(含碘65.1%)作为碘源。碘酸钙稳定性与适口性较好，易被动物吸收，使用较普遍。较常用亚硒酸钠和硒酸钠作为硒的添加剂。无水亚硒酸钠含硒45.7%，有剧毒。硒酸钠含10分子结晶水，含硒21.4%，毒性较亚硒酸钠大。我国一般应用的亚硒酸钠，必须先制成含硒1%或2%的预混剂，再添加到配合饲料中并充分混匀，以保证安全。

(五)维生素饲料

维生素饲料在国际分类及我国饲料分类中属第6类饲料，是指工业合成或由天然原料提纯精制(或高度浓缩)的各种单一维生素制剂和由其生产的复合维生素制剂，不包括某些种维生素丰富的天然饲料(如胡萝卜、松针粉等)。在饲料与养殖生产中也常将其视作营养性添加剂(维生素添加剂)。已用于饲料的维生素至少有15种，即维生素A(包括胡萝卜素)、维生素D、维生素E、维生素K、维生素B_1(硫胺素)、维生素B_2(核黄素)、维生素B_6(吡哆醇)、烟酸、维生素B_{12}、胆碱、叶酸、泛酸、生物素、肌醇和维生素C。它们以单一或复合的形式，直接加入饲粮或与其他添加剂混合一起加入。农户与养鸡专业户常用的复合维生素添加剂，是在考虑畜禽维生素需要量和影响需要量各种因素(饲粮组成，保存期间不同维生素效价降低的程度等)的前提下，以单体维生素添加剂为原料，加入一定量载体，经强力混合制成的产品；产品说明书中给出各种维生素的保证含量，以及有效期、添加量与添加方法。养鸡者可按产品说明书介绍的方法与要求，将其直接添加到相应的饲粮中，经充分混匀后再喂鸡。

(六)饲料添加剂

按照饲料分类法，饲料添加剂是指为了某种特殊目的添加到饲料中的微量或少量物质。这些物质是天然饲料中原本没有的，在饲料中添加少量就能改善饲料的品质和作用，如抗菌促生长剂、防霉剂、抗氧化剂、着色剂、防结块及粘结用饲料添加剂等，也就是通常所谓的非营养性添加剂。俗称营养性添加剂的微量元素、维生素与氨基酸不属此类。

许多饲料添加剂手册中介绍的，养殖生产及饲料工业生产中实际使用的添加剂，属于广义的饲料添加剂，包括微量元素、维生素与氨基酸等营养性添加剂。

1. 抑菌促生长饲料添加剂 属于此类添加剂的有抗生素、抑菌药物、砷制剂、铜制剂等。这类物质的主要作用是抑制动物消化道内有害微生物的繁殖，增强消化道吸收能力，提高养殖动物对营养物质的利用，促进生长。

(1)抗生素类 抗生素对保持动物健康和促进生长有一定效果，特别是在养殖环境较差、饲养水平较低时效果显著。在蛋鸡生产中，主要是在育雏阶段应用抗生素，以提高育雏成活率；产蛋阶段禁用，因许多抗生素对鸡的生理和生产性能会造成不良影响，同时在蛋中有残留，影响食品的安全性。许多国家都对畜禽养殖中使用抗生素有严格的规定，我国也公布了养殖业中可用的抗生素种类。应严格遵守有关规定，选择安全性高，且不与人医临床共用的动物专用抗生素作为饲料添加剂。现将我国允许使用于鸡的主要抗生素添加剂及其用量列入表2-25。

表 2-25 几种抗生素添加剂在蛋鸡饲粮中的用量 (克/吨)

抗生素	适用期	用 量	休药期(天)
杆菌肽锌	16 月龄以下鸡	4～20*	无
硫酸粘杆菌素	0～10 周龄,产蛋期禁用	2～20*	7
土霉素	0～4 月龄,产蛋期禁用	5～50*	7
金霉素	产蛋期禁用	10～50*	7
恩拉霉素	0～10 周龄,产蛋期禁用	1～5*	7
维吉尼霉素	0～10 周龄,产蛋期禁用	5～20*	1
氨苯胂酸	鸡	1000	5
洛克沙胂	产蛋期禁用	50*	5
那西肽	产蛋期禁用	1000	3
盐霉素	产蛋期禁用	600	5
吉它霉素	产蛋期禁用	5～10*	7

注:1. * 指按有效成分计,其他为预混料量

2. 引自杨振海,蔡辉益主编,饲料添加剂安全使用规范,中国农业出版社,2003

杆菌肽锌是一种不被吸收的抗生素,故引起全身感染的细菌对杆菌肽锌不产生抗药性,故无休药期要求。土霉素和金霉素对治疗肠道疾病具有同等重要性,但肠道吸收金霉素的量是吸收土霉素量的 2 倍以上。饲料中的钙与金霉素和土霉素结合成不溶性盐,不能被吸收入血液。添加该两种抗生素时,应考虑投药期暂时适当调整饲粮钙水平。

(2)其他促生长剂

①喹乙醇:抗菌谱广,且在动物体内吸收迅速,排泄完全,无蓄积作用。但鸡、鸭对本品较敏感,国内鸡、鸭中毒报道较多,现禁用于禽。

②生长激素:是动物脑下垂体前叶分泌的一种蛋白质激素,具有促进机体蛋白质合成,提高增重速度的作用。鸡自身生长激素

水平较高，使用生长激素的效果不显著。

2. 驱虫保健剂 主要作用是驱除畜禽体内寄生虫，防治畜禽寄生虫感染，促进生长，提高饲料转化效率。

(1)驱蠕虫类药物 包括驱线虫药物、抗绦虫药物和抗吸虫药物。应在我国允许使用的药物内选用。

(2)抗球虫药物 球虫种类繁多，至今没有一种抗球虫药能对所有球虫有效，长期用药也会产生耐药虫株；因此，生产中应采用轮流式用药，蛋鸡产蛋期禁用。我国现时批准使用的抗球虫药物有马杜拉霉素铵、尼卡巴嗪、甲基盐霉素、氢溴酸常山酮、盐酸氯苯胍、氯羟吡啶、莫能菌素钠、地克珠利、二硝托胺、拉沙洛西钠、赛杜霉素钠等预混剂。

3. 饲料保藏剂 饲料加工、贮藏过程中，常有一些饲料成分发生变化或受霉菌污染，可在饲料配制时适当加入一些抗氧化剂和防霉、防腐剂。目前常用的抗氧化剂有乙氧基喹啉、二丁基羟基甲苯、丁基羟基茴香醚、没食子酸丙酯等。防霉剂的种类很多，实践中最常用的是丙酸、丙酸钠、丙酸钙。通常在鸡饲粮中添加丙酸盐0.3%，可有效地防止饲料发霉；丙酸钠和丙酸钙的添加量一般为0.1%与0.2%。

4. 着色剂 主要用于家禽，以使蛋黄和肉鸡皮肤增色，提高产品的商品品质。这类物质主要是类胡萝卜素及其衍生物。我国允许在鸡饲粮中添加的着色剂有β-阿朴-δ′-胡萝卜素醛、辣椒红、β-阿朴-δ′-胡萝卜酸乙酯、虾青素、β,β-胡萝卜素-4,4-二酮、叶黄素。

5. 调味剂与香料 在畜禽饲粮中加入此类添加剂是为增强与改善饲料风味，提高采食量，从而促进生长和提高生产力。我国允许使用的有糖精钠、谷氨酸钠、3,5′-肌苷酸二钠、4,5′-鸟苷酸二钠等。蛋鸡饲粮中较少用调味剂与香料。

第三章　鸡饲粮配方设计

一、配合饲粮的原则

(一)科学性

必须参照鸡营养需要或饲养标准的推荐值，结合鸡群的生产反应(生长鸡的生长性能与料肉比，产蛋鸡的产蛋率、产蛋量、蛋品质和料蛋比等)，对饲养标准推荐值进行适当调整，提出合理的营养物质供给量，作为配合饲粮的依据。应尽可能采用多种饲料原料，发挥饲料间的营养互补作用。配合饲粮时，除满足鸡所需营养物质数量外，还须考虑配出饲粮的适口性；鸡对饲粮的颜色、物理形态也有好恶，它们喜欢黄色和粒状的饲料。

在配合饲粮时所用原料既要能满足鸡的营养需要，又须有与鸡消化道相适应的容积。如青干草粉或青饲料均属容积大、营养浓度较低的饲料，用作鸡饲粮的组成部分时，其配比不能太大；若在鸡饲粮中的配比过大，则鸡受其肠胃容积小的限制，就不能吃到所需数量的代谢能和各种营养物质。

(二)安全性

所配饲粮不仅对鸡无毒害作用(如某些饲料中所含的有毒有害物质、添加的微量元素等不超过鸡的耐受量)，且某些成分(如某些抗生素及其他药物)在鸡肉与鸡蛋中的残留量须在允许范围。应通过科学的配合与合理使用添加剂(包括饲用酶制剂)，提高饲粮养分的平衡性与消化利用率，减少鸡粪便中氮(氨)、磷、硫、铜、锌等的排放，减轻对生态环境的潜在威胁。所选择的原料质量与添加剂，以及用法、用量应符合国家安全与卫生标准。

(三)经 济 性

饲料占畜禽饲养成本的70%～80%，降低饲料成本是提高养鸡经济效益须考虑的首要问题。配合饲粮时，须因地制宜、因时制宜，充分利用自产的与当地的饲料资源，合理利用饼粕类及糟渣类等副产品饲料。

二、鸡饲粮配方设计方法

(一)手工计算法

手工计算法，又称试差法，是最基本的设计方法。此外，还有联立方程法、四方(角)形法等。

1. 试差法 具体做法是：先参照鸡(或其他畜禽)饲养标准确定欲配饲粮的营养水平，初步定出各种饲料原料的大致比例；将此比例乘以相应原料的代谢能和各种养分的含量，得到在配方中每种原料提供的代谢能及各养分的数量；将各种原料提供的代谢能和每种养分量分别积加，即得到该配方的代谢能和每种营养成分的总量。将所得结果与欲达到的营养水平进行对比，根据差值进行调整；若有任何营养成分超过或不足时，可增加或减少相应原料的比例，直至所有的营养指标都基本满足营养需要时为止。这种方法简单易学，且有利于逐步掌握各种配料技术。缺点是计算量大，盲目性也较大，不易筛选出最佳配方，成本也可能较高。

2. 联立方程法 又称公式法。是利用数学上的联立方程求解法来计算饲粮配方。其优点是条理清晰，方法简单；缺点是饲料种类多时，计算较复杂，且不能同时考虑多个营养指标。

3. 四方形法 又称四角法、方形法、交叉法。此法与联立方程法有类似处，在饲料种类不多及拟计算的营养指标少的情况下，较为简单。采用多种饲料及考虑多种营养指标时，须反复进行两两组合，比较麻烦，而且不能使配合饲料同时满足多项营养指标。与联立方程法相比，四方形法较直观，易于掌握。

(二)机配法

机配法是借助一定的数学模型，并将其编制成计算机软件，在微机上完成饲粮配方的设计。随着养殖业集约化和配合饲料工业产业化的发展，要求配方设计采用多种饲料原料，需要计算的营养指标增多，不仅要求单个配方的成本最低，而且期望饲料加工厂或养鸡场的总体饲料成本最低，用手工方法已无法实现，故须借助计算机进行配方优化。国内外配方计算应用的数学方法有线性规划法、多目标规划法、参数规划法等。线性规划法应用最广泛，解法成熟、规范，通用性好，是其他规划方法的基础。

国内外在应用计算机配制饲料配方方面均不断发展，并开发出许多配方软件。用户可在了解计算方法的基础上，选用对自己适用的软件。一般说，大型饲料企业多采用国内外开发的多功能软件，在微机上进行配方计算、配方管理和饲料原料管理；中、小型饲料厂和养殖场则常用一般软件。江苏省农业科学院设计了专门用于配方计算的单板机，适用于小型饲料厂与养殖场(户)；其内配有各种畜禽饲养标准和常用饲料营养成分与营养价值表，用户可根据欲设计配方的对象和所用饲料，从该机上获取或输入所需数据，完成配方设计。

在微机上 Excel 软件的支持下，可用两种方法进行单个配方设计。一是进行手工计算法时，用该软件的一般计算功能，以减轻手工计算的劳动，加快计算速度；二是采用该软件的规划求解功能，用线性规划法设计单个配方。

三、手工法设计鸡饲粮配方示例

(一)示例说明

①下述示例中,凡须确定欲配水平者,均参照我国农业行业标准 NY/T 33—2004 推荐的营养需要(读者可在本书第一章中查找、核对)。

②示例中,采用了农业行业标准 NY/T 33—2004 所附《鸡的常用饲料成分与营养价值表》中 16 种饲料的数据,以及化工生产的 L-赖氨酸盐酸盐和 DL-蛋氨酸产品,详见表 3-1(此表中列出了每种饲料的中国饲料编号,希读者从附录中的有关表格中查找,并进行核对)。应当注意,不同来源的同种饲料的营养成分与营养价值存在差异,有些种类饲料的差异程度很大,如磨粉或碾米工业、榨油工业等加工副产品(麸皮、米糠、油饼粕),动物性饲料(如鱼粉)及矿物质补充饲料(石灰石粉、磷酸氢钙);苜蓿草粉等的成分和质量,与收割时的生长发育期、干草加工过程及环境条件密切相关。像这些饲料,在使用前应采集有代表性的样品进行分析,用实际测出的数值进行配方设计。如果无测试条件,用饲料成分与营养价值表中同一饲料多个检测结果的平均值较客观,切忌用过高或过低的数值。

③虽然计算鸡饲粮配方需要考虑 40 个左右的营养因子,但通常的配方计算中仅计算与平衡代谢能、粗蛋白质、钙、有效磷(非植酸磷)、赖氨酸、蛋氨酸(或蛋氨酸+胱氨酸)、色氨酸(通常在赖氨酸、蛋+胱氨酸够时,色氨酸均达到欲配值,故可不计算);食盐量相对固定(0.2%～0.4%),若配方中鱼粉、肉骨粉、DDGS 等比例较大,应相应减少食盐的配比;微量元素和维生素是按标准推荐量,以预混料形式添加,将饲料原料中的量作为安全裕量(即安全

表 3-1 示例选用的各种饲料原料的营养成分含量

中国饲料号	饲料名称	代谢能（兆焦/千克）	粗蛋白质（%）	赖氨酸（%）		蛋+胱氨酸（%）		色氨酸（%）		钙（%）	有效磷*（%）
				总量	可利用	总量	可利用	总量	可利用		
4-07-0279	玉米（一级）	13.56	8.7	0.24	0.20	0.38	0.35	0.07	0.06	0.02	0.12
4-07-0280	玉米（二级）	13.47	7.8	0.23	0.18	0.30	0.25	0.06	—	0.02	0.12
4-07-0270	小麦（二级）	12.72	13.9	0.30	0.25	0.49	0.43	0.15	0.13	0.17	0.13
4-07-0276	糙米（良）	14.06	8.8	0.32	0.27	0.34	0.28	0.12	0.10	0.03	0.15
4-08-0069	小麦麸，一级	6.82	15.7	0.58	0.42	0.39	0.26	0.20	0.15	0.11	0.24
5-10-0103	大豆粕（一级）	10.04	47.9	2.87	2.55	1.40	1.22	0.69	0.58	0.34	0.19
5-10-0102	大豆粕（二级）	9.83	44.0	2.66	2.31	1.30	1.10	0.64	0.54	0.33	0.18
5-10-0117	棉籽粕（二级）**	7.78	43.5	1.97	1.42	1.22	1.00	0.51	0.41	0.28	0.36
5-10-0183	菜籽饼（二级）	8.16	35.7	1.33	1.02	1.42	1.10	0.42	—	0.59	0.33
5-10-0120	亚麻仁粕（二级）	7.95	34.8	1.16	0.87	1.10	0.91	0.70	0.62	0.42	0.42
5-11-0001	玉米蛋白粉 CP63.5%	16.23	63.5	0.97	0.79	2.38	2.27	0.36	—	0.07	0.17
5-13-0045	鱼粉，CP62.5%	12.18	62.5	5.12	4.61	2.21	1.97	0.75	0.69	3.96	3.05
5-15-0046	鱼粉，CP60.2%	11.80	60.2	4.72	4.15	2.16	1.76	0.70	0.57	4.04	2.90
4-07-0005	菜籽油	38.53	—	—	—	—	—	—	—	—	—
6-14-0003	磷酸氢钙（2 个结晶水）	—	—	—	—	—	—	—	—	23.29	18.00
6-14-0006	石灰石粉	—	—	—	—	—	—	—	—	35.84	—
	L-赖氨酸盐酸盐	18.83	96.0	80.0	80.0	—	—	—	—	—	—
	DL-蛋氨酸	20.92	59.0	—	—	99.0	99.0	—	—	—	—

* 即非植酸磷；** 中国饲料数据库中，棉籽粕二级品的鸡代谢能、蛋氨酸与胱氨酸含量均高于一级品，此表中予以更正

系数)。鸡的亚油酸需要量(为饲粮的1%)高于猪等畜种;饲粮中的亚油酸主要来源是植物油,玉米油、大豆油和棉籽油中的亚油酸含量约50%。在大多数饲粮中黄玉米是亚油酸的主要来源。由玉米和大豆饼(粕)组成的饲粮,在不另外补充时,可能足够雏鸡生长和母鸡最大蛋重对亚油酸的需要。谷实类、油籽及其加工副产品中磷的相当部分以植酸盐形式存在,鸡对其利用率低,故配方中计算非植酸磷(有效磷)更有意义。

④一般情况下,计算配方时小数点后取四位数,得出的结果较为准确。为便于讲述和学习,在以下示例中小数点后取两位数;从有些表(如表4-10、表4-11)中可看出,有的计算值为0.00,表明小数点后一、二位为"0",但其小数点后第三、四位并非"0"。

(二)用联立方程法设计鸡饲粮配方示例

例:某鸡场要配制含粗蛋白质15.5%的蛋用型鸡9~18周龄配合饲料,现有含粗蛋白质8%的能量饲料(其中玉米占80%,大麦占20%)和粗蛋白质35%的蛋白质补充料 其方法如下。

①设能量饲料占配合饲料的百分比为X%,蛋白质补充料为Y%,则:

$$X+Y=100 \quad (1)$$

②能量混合料的粗蛋白质含量为8%,蛋白质补充饲料含粗蛋白质为35%,要求配合饲料含粗蛋白质15.5%,则:

$$0.08X+0.35Y=15.5 \quad (2)$$

③列联立方程式:

$$\begin{cases} X+Y=100 & (1) \\ 0.08X+0.35Y=15.5 & (2) \end{cases}$$

解此方程式:

将①移项得:$Y=100-X \quad (3)$

将③式带入②式得:$0.08X+0.35(100-X)=15.5$

进一步计算：

0.08X+35−0.35X=15.5

0.35X−0.08X=35−15.5

0.27X=19.5

X=19.5÷0.27=72.22(能量饲料百分比)

Y=100−72.22=27.78(蛋白质补充饲料百分比)

④因能量饲料由玉米和大麦组成，应分别计算出它们在配合饲料中所占的比例：

玉米的比例　72.22×80%=57.78%

大麦的比例　72.22×20%=14.44%

(三)用四方形法设计鸡饲粮配方示例

例 1. 两种饲料配合　如用玉米(一级)、大豆粕(一级)给 0～3 周龄肉仔鸡设计一饲粮配方。步骤如下。

第一步：确定 0～3 周龄肉仔鸡的营养需要，可从有关的鸡饲养标准或建议量中查得。现从"农业行业标准　鸡饲养标准(NY/T 33—2004)"中的肉用仔鸡营养需要之一(表 1-4)查出，0～4 周龄肉仔鸡饲粮的粗蛋白质水平应为 21.5%。

第二步：确定所用饲料的粗蛋白质含量。可以采样测定，也可查阅有关的饲料营养成分表。表 3-1 所列，一级玉米(中国饲料号 4-07-0279)含粗蛋白质 8.7%、一级大豆粕(5-10-0103)含粗蛋白质为 47.9%。

第三步：作对角线交叉图，把混合饲料欲达到的粗蛋白质含量 21.5%放在对角线交叉处，玉米和大豆粕的粗蛋白质含量分别放在左上角和左下角；然后以左方上、下角为出发点，各通过中心向对角交叉，以大数减小数，并将得数分别记在右上角和右下角。

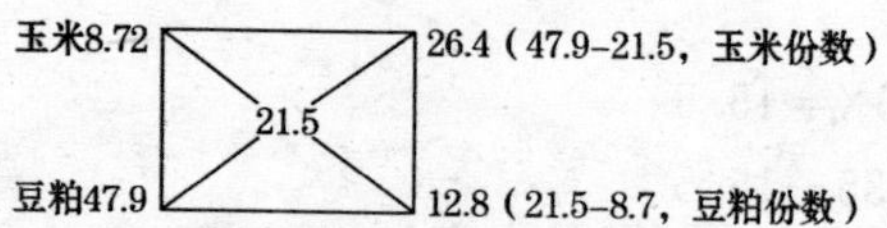

第四步：将上面所计算的各个差数，分别除以这两个差数之和，就可得出这两种饲料在混合料中的百分比。

$$玉米(一级)应占比例(\%)=\frac{26.4}{26.4+12.8}\times100=67.35$$

$$豆粕(一级)应占比例(\%)=\frac{12.8}{26.4+12.8}\times100=32.65$$

四方形法仅能考虑一个营养因子，一般是按粗蛋白质水平确定两种饲料的比例，而未能考虑代谢能、钙、磷、食盐等的需要。若要考虑这些营养因子，可按已确定的比例进行核算。现以农业行业标准 NY/T 33—2004 的肉仔鸡营养需要之一的推荐值(参阅第一章表 1-4)为欲配营养水平，核算本例确定的玉米与大豆粕比例能否满足代谢能及其他养分的需求(表 3-2)。

表 3-2　按四方形法确定比例后计算代谢能与各养分水平

饲　料	配比(%)	代谢能(兆焦/千克)	粗蛋白质(%)	赖氨酸(%)	蛋+胱氨酸(%)	色氨酸(%)	钙(%)	有效磷(%)
玉米，一级	67.35	9.13	5.86	0.16	0.26	0.05	0.01	0.08
大豆粕，一级	32.65	3.28	15.64	0.94	0.46	0.23	0.11	0.06
合　计	100.00	12.41	21.5	1.10	0.72	0.28	0.12	0.14
推荐值		12.54	21.5	1.15	0.91	0.21	1.00	0.45
差　值		－0.13	0	－0.05	－0.19	＋0.07	－0.88	－0.31

由上表看出，67.35％的一级玉米与 32.65％的一级大豆粕混合，可满足 0～3 周龄肉仔鸡对代谢能、粗蛋白质、赖氨酸、色氨酸的需要，蛋＋胱氨酸、钙与有效磷均不足，尚缺食盐、微量元素和维

生素添加剂预混料。欲使其成为一个全价饲粮配方，须加上食盐0.3%、预混料1%、磷酸氢钙1.80%与石灰石粉1.30%等，相应减少玉米与大豆粕的配比(表3-3)。磷酸氢钙和石灰石粉配比按下述步骤计算。

将有效磷缺额(0.31)除以磷酸氢钙的含磷量(18.00%)即算出应加的磷酸氢钙配比：0.31÷18＝1.72%。磷酸氢钙的含钙量为23.29%，1.72%的磷酸氢钙中含钙量为：0.0172×23.29＝0.40%，尚缺钙0.48%(即0.88－0.40)须由石灰石粉1.34%(0.48除以石灰石粉含钙量35.84%)供给。

表3-3　调整后的0～3周龄肉仔鸡饲粮配方

饲　料	配比(%)	代谢能(兆焦/千克)	粗蛋白质(%)	赖氨酸(%)	蛋＋胱氨酸(%)	色氨酸(%)	钙(%)	有效磷(%)
玉米，一级	64.00	8.68	5.57	0.15	0.24	0.04	0.01	0.08
大豆粕，一级	31.44	3.16	15.06	0.90	0.44	0.22	0.11	0.06
磷酸氢钙	1.80	—	—	—	—	—	0.42	0.32
石灰石粉	1.30	—	—	—	—	—	0.47	—
DL-蛋氨酸	0.16	0.03	0.09	—	0.16	—	—	—
预混料	1.00	—	—	—	—	—	—	—
食　盐	0.30	—	—	—	—	—	—	—
合　计	100.00	11.87	20.72	1.05	0.84	0.26	1.01	0.46
欲配水平		12.54	21.5	1.15	0.91	0.21	1.00	0.45

从上表可见，减少玉米和大豆粕配比，使代谢能和粗蛋白质都略低于欲配水平，赖氨酸、蛋氨酸＋胱氨酸、钙、有效磷接近或达到要求，色氨酸偏高。但各项营养指标偏离欲配水平的程度尚在可允许范围内。若想进一步调整，可添加少量油脂、玉米蛋白粉和L-赖氨酸盐酸盐，相应减少玉米和大豆粕的用量，使代谢能和粗蛋

白质更接近欲配值(表 3-4)。

表 3-4　再调整后的 0～3 周龄肉仔鸡饲粮配方

饲　料	配比(%)	代谢能(兆焦/千克)	粗蛋白质(%)	赖氨酸(%)	蛋+胱氨酸(%)	色氨酸(%)	钙(%)	有效磷(%)
玉米,一级	61.20	8.30	5.32	0.15	0.23	0.04	0.01	0.07
大豆粕,一级	29.00	2.91	13.89	0.83	0.41	0.20	0.10	0.06
玉米蛋白粉,CP63.5%	3.00	0.49	1.31	0.03	0.07	0.01	0.00	0.01
菜籽油	2.00	0.77	—	—	—	—	—	—
磷酸氢钙	1.70	—	—	—	—	—	0.40	0.31
石灰石粉	1.40	—	—	—	—	—	0.50	—
L-赖氨酸盐酸盐	0.20	0.04	0.19	0.16	—	—	—	—
DL-蛋氨酸	0.12	0.04	0.12	—	0.20	—	—	—
预混料	1.00	—	—	—	—	—	—	—
食　盐	0.30	—	—	—	—	—	—	—
合　计	100.00	12.55	20.83	1.17	0.91	0.25	1.01	0.45
欲配水平		12.54	21.5	1.15	0.91	0.21	1.00	0.45

例 2. 两种以上饲料的配合　如欲用玉米粉、小麦麸、大豆粕粉、菜籽粕粉、鱼粉、矿物质饲料,设计粗蛋白质为 21.5%的 0～3 周龄肉仔鸡饲粮配方。首先,把以上饲料组成 3 组,即混合能量饲料、混合蛋白质饲料和矿物质饲料。先根据经验或参考其他配方,确定 3 组中各种饲料的比例,并按此比例计算出混合饲料的粗蛋白质含量。而后,预留出矿物质饲料和预混料在全价料中的比例,再将能量饲料和蛋白质饲料当作两种饲料做交叉配合(从上例已看出,若按经验留出矿物质和预混料的配比,再确定能量饲料与蛋

白质饲料的比例,较易调整。一般情况下,0～3 周龄肉仔鸡饲粮的磷酸氢钙、石灰石粉、食盐和维生素、微量元素预混料的配比大致范围为 1.4%～1.8%、0.8%～1.0%、0.3%～0.4%和 1.0%)。计算步骤如下。

第一步:分别算出混合能量饲料和混合蛋白质饲料的粗蛋白质含量。

0～3 周龄肉仔鸡饲粮的能量浓度高,故能量饲料中必须以玉米为主,现确定其在能量饲料中占 90%,小麦麸占 10%。按此比例和两种饲料的粗蛋白质含量(一级玉米为 8.7%,一级小麦麸为 15.7%),即可计算出混合能量饲料的粗蛋白质含量(%)。

$$8.7\times90\%+15.7\times10\%=9.40$$

确定一级大豆粕粉、二级菜籽粕粉与鱼粉的比例依次为 75%、15%与 10%,所用 3 种蛋白质饲料的粗蛋白质含量相应为 47.9%、38.6%与 60.2%,则混合蛋白质饲料的粗蛋白质含量(%)为:

$$47.9\times75\%+38.6\times15\%+60.2\times10\%=47.74$$

第二步:确定矿物质饲料的组成与比例。

按经验定出混合矿物质饲料在全价饲料中的比例为 2.5%,其中磷酸氢钙、石灰石粉和食盐分别占 50%、35%和 15%,它们在全价料中的相应比例则为 1.25%(2.5×50%)、0.88%(2.5×35%)、0.38%(2.5×15%)。

第三步:确定添加剂预混料的比例。本例确定在全价饲粮中添加预混料 1%。

第四步:算出能量饲料与蛋白质补充饲料在配合饲料中占有的比例和其中应有的粗蛋白质含量。

能量饲料与蛋白质补充料比例之和应为:

$$100\%-2.5\%-1\%=96.5\%$$

能量饲料与蛋白质补充料混合后的粗蛋白质含量应为:

21.5%÷96.5%=22.28%

第五步:将混合能量饲料和混合蛋白质饲料当作两种饲料,按前述方法做交叉,计算出两种混合料应具有的比例。

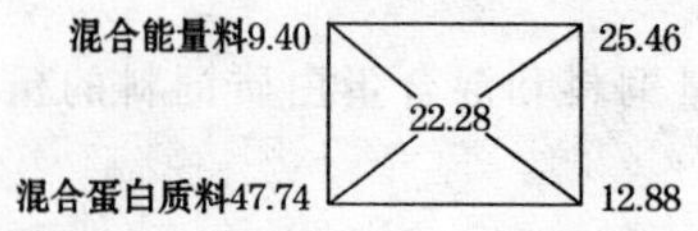

$$混合能量料应占比例(\%)=\frac{25.46}{25.46+12.88}=66.41$$

$$混合蛋白质料应占比例(\%)=\frac{12.88}{25.46+12.88}=33.59$$

第六步:计算出该饲粮中各种饲料应占的比例(%)。即:

玉米(一级)	90%×66.41×96.5%=57.67
小麦麸(一级)	10%×66.41×96.5%=6.41
大豆粕(一级)	75%×33.59×96.5%=24.31
菜籽粕(二级)	15%×33.59×96.5%=4.86
鱼粉(CP60.2%)	10%×33.59×96.5%=3.24
磷酸氢钙	1.25
石灰石粉	0.88
预混料	1.00
食　盐	0.38
合　计	100.00

按例1方法核算配出饲粮的代谢能与各养分含量,并与所参照的农业行业鸡饲养标准NY/T 33—2004肉仔鸡营养需要之一推荐值(0～3周龄)进行比较(表3-5)。

表 3-5 饲粮代谢能与各养分含量

饲 料	代谢能（兆焦/千克）	粗蛋白质（%）	赖氨酸（%）	蛋＋胱氨酸（%）	色氨酸（%）	钙（%）	有效磷（%）
配方值	11.44	21.49	1.09	0.73	0.26	0.87	0.47
推荐值	12.54	21.50	1.15	0.91	0.21	1.00	0.45

由上表看出，除粗蛋白质外，赖氨酸、有效磷也接近推荐值，但代谢能、蛋＋胱氨酸和钙均明显不足。可见，仅以粗蛋白质为目标，以四方形法快速配出的饲粮，绝大多数情况下不可能使各营养指标均达到饲养标准推荐值。若想使其成为全价饲粮配方，仍须进行调整。对本配方可做以下调整：添加 DL-蛋氨酸 0.2%、菜籽油 3.8%，将石灰石粉用量提高到 1.20%，玉米配比减少至 53.35%；调整后所有指标均接近推荐值，代谢能浓度为 12.36 兆焦/千克，粗蛋白质、赖氨酸、蛋＋胱氨酸、色氨酸、钙和有效磷依次为 21.24%、1.08%、0.91%、0.26%、0.98%、0.46%。

（四）用试差法设计蛋鸡与肉鸡饲粮配方示例

前面已经介绍了用试差法设计饲料配方的基本过程，此处结合不同生理阶段蛋鸡、肉鸡饲粮配方的设计，拟使初学的读者明了此法的计算步骤，并通过一步一步地模拟计算，学会这种计算方法；同时，通过一些实例，了解如何适应饲料原料等的变化，合理地调整饲粮的欲配水平。在一些例证中还介绍以可利用氨基酸为基础配合饲粮的方法。

以下，主要以我国应用较普遍的玉米—大豆粕（饼）型和玉米—大豆粕（饼）—杂粕型饲粮为示例。

1. 蛋用型鸡的饲粮配方设计示例

例 1:0～8 周龄蛋用生长鸡育雏料配方(一)

0～8 周龄是蛋鸡雏生长最快的阶段,主要是生长骨骼、肌肉、内脏与羽毛;其 8 周龄末体重及骨骼发育能否达到标准,对其产蛋期的产蛋性能起关键作用。此时雏鸡的消化及机体调节功能尚不完善,应选用容易消化的、品质优良的饲料原料为其配制饲粮。能量饲料以玉米为主,蛋白质饲料以大豆粕为主;采用一些动物性蛋白质饲料(如优质鱼粉)对饲粮必需氨基酸的平衡有利。20 世纪 80 年代,鸡饲粮中鱼粉用量较高,现时 0～8 周龄雏鸡饲粮中鱼粉用量大致在 3%左右。在无优质鱼粉时,用玉米、大豆粕(也可搭配少量其他能量与蛋白质饲料),使氨基酸平衡良好,满足所需矿物质与维生素(用矿物质饲料和添加剂预混料),也能配出较理想的育雏期饲粮。如果有优质的苜蓿干草粉,可用 2%～3%,以提供部分蛋白质、维生素和纤维性物质。钙、磷浓度要能满足需要,但不应过高;以石灰石粉、贝壳粉、磷酸氢钙等作为钙、磷源较好。

本例以农业行业标准 NY/T 33—2004 的 0～8 周龄蛋用型生长鸡的营养需要量作为欲配水平;用玉米(二级)、大豆粕(二级)、磷酸氢钙(2 个结晶水)、石灰石粉、L-赖氨酸盐酸盐与 DL-蛋氨酸为饲料原料,维生素与微量元素添加剂采用 1%预混料,食盐比例用 0.3%。

第一步:试配。有设计配方经历的读者,可根据经验先大致定出玉米以外的各种饲料原料的用量(%),再算出玉米的用量(玉米用量=100－其他各种饲料用量之和)。然后,以每种饲料的用量乘其代谢能、粗蛋白质等含量(表 3-1),得到此用量可提供的代谢能、粗蛋白质等的量,把各种饲料的提供量相加就得到配方合计值;随后,将所配结果与欲配水平比较并进行调整。初学者可参考书上或他人配方的用量试配。本例将食盐用量定为 0.3%,用 1%预混料(以下各例同),先用玉米 70%和大豆粕 28.7%试配。将两种饲料的配比分别乘其代谢能、粗蛋白质、赖氨酸、蛋氨酸+胱氨酸、色氨酸、钙和有效磷的含量,则得到玉米和大豆粕提供的代谢能和各养分量(表 3-6);按养分分别相加得知,2 种饲料共提供:代谢能 12.25 兆焦/千克,粗蛋白质 18.09%、赖氨酸 0.93%、蛋+胱氨酸 0.58%、色氨酸 0.22%,钙与有效磷分别为 0.10% 和 0.13%。将此结果与欲配水平对比可看出,代谢能与色氨酸超过欲配值,而其他养分均不足。一般来说,试配结果极少能完全达到要求,应视具体情况进行调整。通常先调代谢能与粗蛋白质,其次调钙与有效磷,最后调氨基酸。

表 3-6 0~8 周龄蛋幼雏饲粮配方试配结果

饲 料	配比(%)	代谢能(兆焦/千克)	粗蛋白质(%)	赖氨酸(%)	蛋+胱氨酸(%)	色氨酸(%)	钙(%)	有效磷(%)
玉米,二级	70.00	9.43	5.46	0.17	0.21	0.04	0.01	0.08
大豆粕,二级	28.70	2.82	12.63	0.76	0.37	0.18	0.09	0.05
磷酸氢钙	0.00	—	—	—	—	—	—	—
石灰石粉	0.00	—	—	—	—	—	—	—
L-赖氨酸盐酸盐	0.00	—	—	—	—	—	—	—
DL-蛋氨酸	0.00	—	—	—	—	—	—	—
预混料	1.00	—	—	—	—	—	—	—
食 盐	0.30	—	—	—	—	—	—	—
合 计	100.00	12.25	18.09	0.93	0.58	0.22	0.10	0.13
欲配水平		11.91	19.00	1.00	0.74	0.20	0.90	0.40
差 值		+0.34	−0.91	−0.07	−0.16	+0.02	−0.80	−0.27

第二步:一调,使代谢能与粗蛋白质接近欲配水平。

从上表看,代谢能超出不多,粗蛋白质缺额较多,故按粗蛋白质进行调节。因玉米的代谢能浓度高于大豆粕，而粗蛋白质含量低于后者，须增加大豆粕配比，减少玉米配比；通过此调节，配方的粗蛋白质值会提高，代谢能下降幅度较小。可按下式计算须用大豆粕替换玉米的百分数：

(19.00－18.09)÷(44－7.8)＝0.91÷36.2＝2.51％

上式第一个括号中计算结果是试配配方粗蛋白质含量与欲配水平的差值(0.91％)，第二个括号计算的是大豆粕与玉米的粗蛋白质含量的差值(36.2％)；据此可知，用1％的大豆粕替换1％的玉米就能使配方的粗蛋白质含量提高0.362％，故试配配方中所缺0.91％的粗蛋白质须用2.51％的大豆粕替换玉米。

表3-7中按此计算，将玉米与大豆粕的用量分别定为67.50％和31.20％。依上法，将新配比分别乘其代谢能和各养分含量，得到表中所示结果，而后相加得到一调配方的各合计值。

表3-7　0～8周龄蛋幼雏饲粮配方(一调)

饲　料	配比(％)	代谢能(兆焦/千克)	粗蛋白质(％)	赖氨酸(％)	蛋＋胱氨酸(％)	色氨酸(％)	钙(％)	有效磷(％)
玉米，二级	67.50	9.09	5.27	0.16	0.20	0.04	0.01	0.08
大豆粕，二级	31.20	3.07	13.73	0.84	0.41	0.20	0.10	0.06
磷酸氢钙	0.00	—	—	—	—	—	—	—
石灰石粉	0.00	—	—	—	—	—	—	—
L-赖氨酸盐酸盐	0.00	—	—	—	—	—	—	—
DL-蛋氨酸	0.00	—	—	—	—	—	—	—
预混料	1.00	—	—	—	—	—	—	—
食　盐	0.30	—	—	—	—	—	—	—
合　计	100.00	12.16	19.00	1.00	0.61	0.24	0.11	0.14

续表 3-7

饲　料	配比（%）	代谢能（兆焦/千克）	粗蛋白质（%）	赖氨酸（%）	蛋+胱氨酸（%）	色氨酸（%）	钙（%）	有效磷（%）
欲配水平		11.91	19.00	1.00	0.74	0.20	0.90	0.40
差　值		+0.25	0.00	0.00	−0.13	+0.04	−0.79	−0.26

上表结果显示，调整后代谢能变化不大，粗蛋白质和赖氨酸达到欲配水平，色氨酸仍稍高，蛋氨酸＋胱氨酸、钙、有效磷均不足。

第三步：二调，使钙和有效磷接近欲配水平。

现在要添加磷酸氢钙和石灰石粉，使钙与有效磷值按近欲配水平。磷酸氢钙含钙、磷（全部为有效磷），而石灰石粉只含钙，故先按有效磷的短缺值（表 3-7）算出其应添加磷酸氢钙的量。

0.26÷18＝1.44％（式中 18.0％是磷酸氢钙的有效磷含量，见表 3-1）。

接着计算 1.44％磷酸氢钙中的含钙量为：23.29％×0.0144＝0.33％（式中 23.29％是磷酸氢钙的含钙量，见表 3-1）。

一调配方中总共缺钙 0.79％，减去磷酸氢钙可提供的量，仍差 0.46％（0.79－0.33＝0.46）；所用石灰石粉含钙量为 35.84％（表 3-1），故须用 1.28％的石灰石粉（0.46÷35.84＝1.28％）。

在表 3-8 调整中先加磷酸氢钙 1.40％、石灰石粉 1.25％，共计 2.65％，须从玉米中扣除（替代配比最大的饲料可使配方合计值变化不大），玉米配比变成 64.85％（67.5％－2.65％）。

表 3-8　0～8 周龄蛋鸡幼雏饲粮配方(二调)

饲　料	配比（%）	代谢能（兆焦/千克）	粗蛋白质（%）	赖氨酸（%）	蛋＋胱氨酸（%）	色氨酸（%）	钙（%）	有效磷（%）
玉米，二级	64.85	8.74	5.06	0.15	0.19	0.04	0.01	0.08
大豆粕，二级	31.20	3.07	13.73	0.84	0.41	0.20	0.10	0.06
磷酸氢钙	1.40	—	—	—	—	—	0.33	0.25
石灰石粉	1.25	—	—	—	—	—	0.45	—
L-赖氨酸盐酸盐	0.00	—	—	—	—	—	—	—
DL-蛋氨酸	0.00	—	—	—	—	—	—	—
预混料	1.00	—	—	—	—	—	—	—
食　盐	0.30	—	—	—	—	—	—	—
合　计	100.00	11.81	18.79	0.99	0.60	0.24	0.89	0.39
欲配水平		11.91	19.00	1.00	0.74	0.20	0.90	0.40
差　值		－0.10	－0.21	－0.01	－0.14	＋0.04	－0.01	－0.01

上表结果表明，只有蛋氨酸＋胱氨酸值距欲配水平较远（为欲配值的 81.1%），其他各指标的合计值与欲配水平的差距均不大，代谢能、粗蛋白质、赖氨酸、钙与有效磷的合计值均达到欲配值的 98%～99%，色氨酸为 120%；故下一步须加 DL-蛋氨酸补足蛋＋胱氨酸。

第四步：平衡氨基酸，使蛋＋胱氨酸接近欲配水平。

上表中蛋＋胱氨酸缺 0.14%，DL-蛋氨酸中含蛋氨酸 99%，一般不作折算，即可直接添加 0.14% 的 DL-蛋氨酸；本配方按 99% 计算，应添加 0.14÷99＝0.145%，为便于计算仍加 0.14%。赖氨酸与蛋氨酸是蛋白质的组成成分，被添加时除增加该种氨基酸外，粗蛋白质也提高，故将其所占份额从大豆粕中扣除；2 种氨基酸产品也含代谢能，因添加量甚少，对饲粮代谢能值影响不大(表 3-9)。

表 3-9 0～8 周龄蛋鸡幼雏饲粮配方(三调，完成)

饲 料	配比(%)	代谢能(兆焦/千克)	粗蛋白质(%)	赖氨酸(%)	蛋+胱氨酸(%)	色氨酸(%)	钙(%)	有效磷(%)
玉米，二级	64.85	8.74	5.06	0.15	0.19	0.04	0.01	0.08
大豆粕，二级	31.06	3.05	13.67	0.83	0.40	0.20	0.10	0.06
磷酸氢钙	1.40	—	—	—	—	—	0.33	0.25
石灰石粉	1.25	—	—	—	—	—	0.45	—
L-赖氨酸盐酸盐	0.00	—	—	—	—	—	—	—
DL-蛋氨酸	0.14	0.03	0.08	—	0.14	—	—	—
预混料	1.00	—	—	—	—	—	—	—
食 盐	0.30	—	—	—	—	—	—	—
合 计	100.00	11.82	18.81	0.98	0.73	0.24	0.89	0.39
欲配水平		11.91	19.00	1.00	0.74	0.20	0.90	0.40
差 值		－0.09	－0.19	－0.02	－0.01	＋0.04	－0.01	－0.01

至此，各项指标均很接近欲配水平，该配方即告完成。

例 2:0～8 周龄蛋用生长鸡育雏料配方(二)

在生产实际中，常见如例 1 那样，只用一种能量饲料和一种蛋白质饲料配合鸡饲粮的情况。玉米属高能饲料，大豆粕在植物性蛋白质饲料中也属上乘，用这两种饲料为主原料配出饲粮的饲喂效果较令人满意。但随着我国近年养殖业及粮食深加工业突飞猛进地发展，这两种饲料原料的市场供应日趋紧俏，价格也不断攀升。与此同时，有许多其他种能量饲料(如小麦、小麦麸、糙米、碎米)与蛋白质饲料(棉籽饼粕、菜籽饼粕、胡麻饼粕等)的资源未得到充分利用。从营养观点角度,多种饲料配合可使各种饲料间的优、劣势互补,产生1+1大于2的效果。因此,从充分利用饲料资源、降低饲料成本方面考虑,应尽可能用当地容易获得的多种饲料配合饲粮。

本例中,仍以农业行业标准鸡饲养标准NY/T 33—2004中蛋用生长鸡0~8周龄的有关营养需要量为欲配水平,饲料原料中除上例所用玉米与大豆粕外,还加上小麦、棉籽粕和菜籽饼(所有原料均为二级品)。

第一步:试配。本配方中预混料和食盐仍分别用1%和0.3%(本书以后各例不变,不再重述)。本例对象与例1相同,欲配值不变,故例1中有些原料的用量可供参考。在5种能量与蛋白质饲料中,须先确定小麦、棉籽粕与菜籽饼的用量。由于所具营养特性和饲用特性,这3种饲料在鸡饲粮中的用量一定程度上是受限制的,现参考本书第二章对各种饲料特点简介中给出的参数,将它们的用量依次定为10%、4%和4%;由此可算出玉米与大豆粕的总用量应为80.7%(100%-1%-0.3%-10%-4%-4%),现先定玉米用量为55%,大豆粕用量则为25.7%[从例1最终的配方可看出,能量饲料(玉米)与蛋白质饲料(大豆粕)约为2∶1,本例现确定的能量饲料与蛋白质饲料的比例也近似这个比例,请读者算一下]。

将已确定的各原料用量分别乘其代谢能和有关养分的含量,得到其在该配方中提供的代谢能和各养分量(表3-10);分别将各养分相加得到配方的合计值,与欲配水平对比(此步骤在任何配方计算中一样,以后不再重述)。

表 3-10 0～8 周龄蛋用雏鸡育雏料配方(二)(试配)

饲 料	配比(%)	代谢能(兆焦/千克)	粗蛋白质(%)	赖氨酸(%)	蛋+胱氨酸(%)	色氨酸(%)	钙(%)	有效磷(%)
玉米,二级	55.00	7.41	4.29	0.13	0.17	0.03	0.01	0.07
小麦,二级	10.00	1.27	1.89	0.03	0.05	0.02	0.02	0.01
大豆粕,二级	25.70	2.53	11.31	0.68	0.33	0.16	0.08	0.05
棉籽粕,二级	4.00	0.34	1.74	0.08	0.05	0.02	0.01	0.01
菜籽饼,二级	4.00	0.33	1.43	0.05	0.06	0.02	0.02	0.01
磷酸氢钙	0.00	—	—	—	—	—	—	—
石灰石粉	0.00	—	—	—	—	—	—	—
L-赖氨酸盐酸盐	0.00	—	—	—	—	—	—	—
DL-蛋氨酸	0.00	—	—	—	—	—	—	—
预混料	1.00	—	—	—	—	—	—	—
食 盐	0.30	—	—	—	—	—	—	—
合 计	100.00	11.88	20.68	0.97	0.66	0.25	0.14	0.15
欲配水平		11.91	19.00	1.00	0.74	0.20	0.90	0.40
差 值		−0.03	+1.68	−0.03	−0.08	+0.05	−0.76	−0.25

可看出:代谢能、赖氨酸、色氨酸的合计值与欲配值接近,粗蛋白质超过,钙与有效磷远不足。

第二步:平衡钙与有效磷。现作以下计算:

须添加磷酸氢钙　　$0.25 \div 18 = 1.39\%$

磷酸氢钙提供的钙　　$23.29 \times 1.39\% = 0.32\%$

须添加石灰石粉　　$(0.75 - 0.32) \div 35.84 \approx 1.20\%$

现决定分别添加磷酸氢钙、石灰石粉 1.4%和 1.2%。因试配配方中粗蛋白质高于欲配水平,2 种矿物质饲料的配比均从大豆粕中扣除。计算结果见表 3-11。

表 3-11　0～8 周龄蛋用雏鸡育雏料配方(二)(首调)

饲　料	配比 (%)	代谢能 (兆焦/千克)	粗蛋白质 (%)	赖氨酸 (%)	蛋＋胱氨酸 (%)	色氨酸 (%)	钙 (%)	有效磷 (%)
玉米,二级	55.00	7.41	4.29	0.13	0.17	0.03	0.01	0.07
小麦,二级	10.00	1.27	1.89	0.03	0.05	0.02	0.02	0.01
大豆粕,二级	23.10	2.27	10.16	0.62	0.30	0.15	0.08	0.04
棉籽粕,二级	4.00	0.34	1.74	0.08	0.05	0.02	0.01	0.01
菜籽饼,二级	4.00	0.33	1.43	0.05	0.06	0.02	0.02	0.01
磷酸氢钙	1.40	—	—	—	—	—	0.33	0.25
石灰石粉	1.20	—	—	—	—	—	0.43	—
L-赖氨酸盐酸盐	0.00	—	—	—	—	—	—	—
DL-蛋氨酸	0.0	—	—	—	—	—	—	—
预混料	1.00	—	—	—	—	—	—	—
食　盐	0.30	—	—	—	—	—	—	—
合　计	100.00	11.62	19.51	0.91	0.63	0.24	0.90	0.39
欲配水平		11.91	19.00	1.00	0.74	0.20	0.90	0.40
差　值		－0.29	＋0.51	－0.09	－0.11	＋0.04	0.00	－0.01

从上表看出,经这一调,粗蛋白质仍略高,钙与有效磷都达到欲配水平,但代谢能、赖氨酸和蛋＋胱氨酸不足。需要再调整。

第三步:二调。使代谢能接近欲配水平。

若必须保持棉籽粕和菜籽饼的配比,可以采用的措施有:不用代谢能值较低的小麦,降低大豆粕的配比,而相应增加玉米的配比。现在试算一下。

玉米的代谢能值为 13.47 兆焦/千克,小麦为 12.72 兆焦/千克，用玉米取代全部小麦(10%)可使代谢能值提高：

(13.47－12.72)×10%＝0.075≈0.08(兆焦/千克)

须用玉米取代大豆粕(代谢能值为9.83兆焦/千克)的比例为(0.29－0.08)÷(13.47－9.83)＝5.8%。现进行试算(表3-12)。

表3-12 0～8周龄蛋用雏鸡育雏料配方(二)(二调)

饲料	配比(%)	代谢能(兆焦/千克)	粗蛋白质(%)	赖氨酸(%)	蛋＋胱氨酸(%)	色氨酸(%)	钙(%)	有效磷(%)
玉米，二级	70.80	9.54	5.52	0.16	0.21	0.04	0.01	0.08
小麦，二级	0.00	—	—	—	—	—	—	—
大豆粕，二级	17.30	1.70	7.61	0.46	0.22	0.11	0.06	0.03
棉籽粕，二级	4.00	0.34	1.74	0.08	0.05	0.02	0.01	0.01
菜籽饼，二级	4.00	0.33	1.43	0.05	0.06	0.02	0.02	0.01
磷酸氢钙	1.40	—	—	—	—	—	0.33	0.25
石灰石粉	1.20	—	—	—	—	—	0.43	—
L-赖氨酸盐酸盐	0.00	—	—	—	—	—	—	—
DL-蛋氨酸	0.00	—	—	—	—	—	—	—
预混料	1.00	—	—	—	—	—	—	—
食盐	0.30	—	—	—	—	—	—	—
合计	100.00	11.91	16.30	0.75	0.54	0.19	0.86	0.38
欲配水平		11.91	19.00	1.00	0.74	0.20	0.90	0.40
差值		0.00	－2.70	－0.25	－0.20	－0.01	－0.04	－0.02

从上表结果看出，虽然此调使代谢能达到欲配水平，但粗蛋白质、赖氨酸、蛋＋胱氨酸都明显低于欲配水平。原因是小麦、特别是大豆粕，所含粗蛋白质、赖氨酸与蛋＋胱氨酸都高于玉米。由此可见，用棉籽饼(粕)、菜籽饼(粕)等代谢能浓度和粗蛋白质含量属

中档的原料作为饲粮组分时，常使代谢能与粗蛋白质不能同时达到或接近较高的欲配水平。

欲使在较高的欲配水平前提下用这类原料配出的配方达标，有一个办法，就是通过加植物油或动物脂肪提高代谢能水平，而不减少蛋白质饲料，使粗蛋白质与各氨基酸都接近欲配值。

仍在首调基础上（表 3-11）加菜籽油试算。每千克菜籽油含代谢能 38.53 兆焦，要使首调配方的代谢能浓度接近欲配水平，须加菜籽油(11.91－11.62)÷38.53＝0.75%。加 0.8%试配一下（表 3-13）。

表 3-13　0～8 周龄蛋用雏鸡育雏料配方(二)(加油脂，三调)

饲　料	配　比（%）	代谢能（兆焦/千克）	粗蛋白质（%）	赖氨酸（%）	蛋＋胱氨酸（%）	色氨酸（%）	钙（%）	有效磷（%）
玉米，二级	55.00	7.41	4.29	0.13	0.17	0.03	0.01	0.07
小麦，二级	10.00	1.27	1.89	0.03	0.05	0.02	0.02	0.01
大豆粕，二级	22.30	2.19	9.81	0.59	0.29	0.14	0.07	0.04
棉籽粕，二级	4.00	0.34	1.74	0.08	0.05	0.02	0.01	0.01
菜籽饼，二级	4.00	0.33	1.43	0.05	0.06	0.02	0.02	0.01
菜籽油	0.80	0.31	—	—	—	—	—	—
磷酸氢钙	1.40	—	—	—	—	—	0.33	0.25
石灰石粉	1.20	—	—	—	—	—	0.43	—
L-赖氨酸盐酸盐	0.00	—	—	—	—	—	—	—
DL-蛋氨酸	0.0	—	—	—	—	—	—	—
预混料	1.00	—	—	—	—	—	—	—
食　盐	0.30	—	—	—	—	—	—	—
合　计	100.00	11.85	19.16	0.88	0.62	0.23	0.89	0.39

续表 3-13

饲　料	配　比 (%)	代谢能 (兆焦/千克)	粗蛋白质 (%)	赖氨酸 (%)	蛋+胱氨酸 (%)	色氨酸 (%)	钙 (%)	有效磷 (%)
欲配水平		11.91	19.00	1.00	0.74	0.20	0.90	0.40
差　值		−0.06	+0.16	−0.12	−0.13	+0.03	−0.01	−0.01

从上表可见，通过用菜籽油 0.8%替代大豆粕，使代谢能值接近了欲配水平，粗蛋白质有所降低。还须将赖氨酸与蛋+胱氨酸也调到欲配水平，在氨基酸平衡良好情况下，即使粗蛋白质水平低一点也无妨；不少研究查明，在氨基酸平衡良好的情况下，饲粮粗蛋白质水平降低 1～2 个百分点一般不影响鸡的健康与生产性能。小麦、棉籽粕、菜籽饼的氨基酸利用率低于玉米与大豆粕的相应氨基酸，用这类原料配合饲粮时应特别注意氨基酸（首先是第一、二限制性氨基酸，即蛋氨酸和赖氨酸）的平衡。现在提倡对这类饲粮计算可利用氨基酸含量，本书将在蛋用产蛋母鸡配方示例中介绍这种方法。

第四步：终调，将赖氨酸与蛋+胱氨酸调至欲配水平。

现以 0.15%的 L-赖氨酸盐酸盐和 0.13%的 DL-蛋氨酸替代大豆粕，计算结果见表 3-14。

表 3-14　0～8 周龄蛋用雏鸡育雏料配方（二）（完成）

饲　料	配　比 (%)	代谢能 (兆焦/千克)	粗蛋白质 (%)	赖氨酸 (%)	蛋+胱氨酸 (%)	色氨酸 (%)	钙 (%)	有效磷 (%)
玉米，二级	55.00	7.41	4.29	0.13	0.17	0.03	0.01	0.07
小麦，二级	10.00	1.27	1.89	0.03	0.05	0.02	0.02	0.01
大豆粕，二级	22.02	2.16	9.69	0.59	0.29	0.14	0.07	0.04

表 3-14　0～8 周龄蛋用雏鸡育雏料配方(二)(完成)

饲　料	配　比 (%)	代谢能 (兆焦/千克)	粗蛋白质 (%)	赖氨酸 (%)	蛋+胱氨酸 (%)	色氨酸 (%)	钙 (%)	有效磷 (%)
棉籽粕,二级	4.00	0.34	1.74	0.08	0.05	0.02	0.01	0.01
菜籽饼,二级	4.00	0.33	1.43	0.05	0.06	0.02	0.02	0.01
菜籽油	0.80	0.31	—	—	—	—	—	—
磷酸氢钙	1.40	—	—	—	—	—	0.33	0.25
石灰石粉	1.20	—	—	—	—	—	0.43	—
L-赖氨酸盐酸盐	0.15	0.03	0.15	0.12	—	—	—	—
DL-蛋氨酸	0.13	0.03	0.08	—	0.13	—	—	—
预混料	1.00	—	—	—	—	—	—	—
食　盐	0.30	—	—	—	—	—	—	—
合　计	100.00	11.88	19.27	1.00	0.75	0.23	0.89	0.39
欲配水平		11.91	19.00	1.00	0.74	0.20	0.90	0.40
差　值		−0.03	+0.27	0.00	+0.01	+0.03	−0.01	−0.01

以上配方的各项指标均很接近欲配水平,配方可应用。

这里还须告诫读者,饲粮中加油的工艺,在大型饲料配合机组容易实现,其混合机中有喷油嘴;但对无此设备的小型机组或在人工混合方式下,把少量的油均匀地混合在大量饲料中是不太方便的。另外,加油可能会提高饲料成本。所以,在用低中档原料设计配方时,可采用另一策略,即适当降低配方的欲配水平,使鸡在其生理范围内通过提高采食量而获得所需代谢能与各养分的绝对量。在蛋用产蛋母鸡配方示例中也将介绍这一措施。

例 3. 蛋用型产蛋母鸡开产—高峰期饲粮配方示例(一)

产蛋母鸡的代谢能、粗蛋白质、赖氨酸、蛋+胱氨酸及有效磷的需要低于育雏期生长鸡，但所需钙的浓度是后者的3倍多。为此，其饲粮组分中石灰石粉的配比须占到8%以上，加上其他矿物质饲料与预混料所占份额，能量饲料与蛋白质饲料的配比不足90%。在所用原料质量较低时，也常常不能使代谢能与粗蛋白质含量同时达到较高的欲配水平。

本例仍以农业行业鸡饲养标准NY/T33－2004中蛋用型产蛋母鸡开产—高峰期的营养推荐量为欲配值，用玉米(二级)和大豆粕(二级)两种主原料进行试配。

第一步：试配。先全部用玉米、大豆粕及预混料、食盐试算(表3-15)。

表3-15 蛋用型产蛋母鸡开产—高峰期饲粮配方(一)(试算)

饲　料	配　比 (%)	代谢能 (兆焦/千克)	粗蛋白质 (%)	赖氨酸 (%)	蛋＋胱氨酸 (%)	色氨酸 (%)	钙 (%)	有效磷 (%)
玉米，二级	70.00	9.43	5.46	0.17	0.21	0.04	0.01	0.08
大豆粕，二级	28.7	2.82	12.48	0.76	0.37	0.18	0.09	0.05
磷酸氢钙	0.00	—	—	—	—	—	—	—
石灰石粉	0.00	—	—	—	—	—	—	—
L-赖氨酸盐酸盐	0.00	—	—	—	—	—	—	—
DL-蛋氨酸	0.00	—	—	—	—	—	—	—
预混料	1.00	—	—	—	—	—	—	—
食　盐	0.30	—	—	—	—	—	—	—
合　计	100.00	12.25	17.94	0.93	0.58	0.22	0.10	0.13
欲配水平		11.29	16.50	0.75	0.65	0.16	3.50	0.32
差　值		+0.96	+1.44	+0.18	−0.07	+0.06	−3.40	−0.19

从上表可见，这样的配比使代谢能、粗蛋白质、赖氨酸与色氨

酸均大于欲配值；蛋氨酸尚缺，钙仅为欲配值的 3.1%，有效磷也不足其一半。需要加磷酸氢钙和石灰石粉使钙与有效磷接近欲配水平。

第二步：一调，使钙和有效磷接近欲配值。

磷酸氢钙的配比须为：0.18÷18=1%

1%磷酸氢钙提供的钙量：23.29×0.01=0.23%

石灰石粉的配比应为：(3.39−0.23)÷35.84=8.82%

二者配比共 9.82%。因试配结果代谢能与粗蛋白质均高，应同时减少玉米与大豆粕。现分别减玉米 5.00%、大豆粕 4.82%，再试算一下(表 3-16)。

表 3-16　蛋用型产蛋母鸡开产—高峰期饲粮配方(一)(一调)

饲　料	配　比 (%)	代谢能 (兆焦/千克)	粗蛋白质 (%)	赖氨酸 (%)	蛋+胱氨酸 (%)	色氨酸 (%)	钙 (%)	有效磷 (%)
玉米，二级	65.00	8.76	5.07	0.16	0.20	0.04	0.01	0.08
大豆粕，二级	23.88	2.35	10.39	0.64	0.31	0.15	0.08	0.04
磷酸氢钙	1.00	—	—	—	—	—	0.23	0.18
石灰石粉	8.82	—	—	—	—	—	3.16	—
L-赖氨酸盐酸盐	0.00	—	—	—	—	—	—	—
DL-蛋氨酸	0.00	—	—	—	—	—	—	—
预混料	1.00	—	—	—	—	—	—	—
食　盐	0.30	—	—	—	—	—	—	—
合　计	100.00	11.11	15.46	0.80	0.51	0.19	3.48	0.30
欲配水平		11.29	16.50	0.75	0.65	0.16	3.50	0.32
差　值		−0.18	−1.04	+0.05	−0.14	+0.03	−0.02	−0.02

由上表看出，此调使钙与有效磷接近了欲配值，赖氨酸与色氨

酸略高，代谢能略低，但粗蛋白质含量低了1.04%，蛋＋胱氨酸也不足。前面曾谈到，若氨基酸平衡良好，粗蛋白质低一点影响不大。所以，下一步应添加DL-蛋氨酸将蛋＋胱氨酸水平提高，使代谢能保持接近欲配值，而让粗蛋白质低一点。如此配出的饲粮，其饲喂效果会比采取相反的思路，即代谢能低一点、粗蛋白质接近为好。

第三步：二调，平衡蛋＋胱氨酸。

如上表所示，蛋＋胱氨酸尚缺0.14%，应当加DL-蛋氨酸使其达到欲配值或略超一点，因赖氨酸是超的，现确定加0.15%；并把石灰石粉也减一点（减至8.60%），使钙的配方值在3.4%左右，像代谢能、有效磷一样都稍低一点。现再做相应的计算，得到表3-17的结果。

表3-17　蛋用型产蛋母鸡开产—高峰期饲粮配方（一）（二调）

饲　料	配　比（%）	代谢能（兆焦/千克）	粗蛋白质（%）	赖氨酸（%）	蛋＋胱氨酸（%）	色氨酸（%）	钙（%）	有效磷（%）
玉米，二级	65.00	8.76	5.07	0.16	0.20	0.04	0.01	0.08
大豆粕，二级	23.95	2.35	10.42	0.64	0.31	0.15	0.08	0.04
磷酸氢钙	1.00	—	—	—	—	—	0.23	0.18
石灰石粉	8.60	—	—	—	—	—	3.08	—
L-赖氨酸盐酸盐	0.00	—	—	—	—	—	—	—
DL-蛋氨酸	0.15	0.03	0.09	—	0.15	—	—	—
预混料	1.00	—	—	—	—	—	—	—
食　盐	0.30	—	—	—	—	—	—	—
合　计	100.00	11.14	15.58	0.80	0.66	0.19	3.40	0.30
欲配水平		11.29	16.50	0.75	0.65	0.16	3.50	0.32
差　值		－0.15	－0.92	＋0.05	＋0.01	＋0.03	－0.10	－0.02

上表调整结果达到了预期目的，配方设计完成。

例 4. 蛋用型产蛋母鸡开产—高峰期饲粮配方示例(二)

例 3 是以玉米和大豆粕为主原料配合蛋用型产蛋母鸡开产—高峰饲粮，但实践中常须在其饲粮中用一些小麦、糙米、棉籽饼粕、菜籽饼粕或亚麻饼粕等能量与蛋白质饲料。如前所说，与玉米和大豆粕相比，这些饲料的代谢能或粗蛋白质浓度较低，饲用特性方面也有些不尽人意之处，在应用这些饲料时切记掌握在适宜的配比之内(特别是对产蛋鸡须慎用棉籽饼粕)。为使此类饲料的用量多一些，可同时用几种，每种都用适宜量，加起来就占较大的比例。但是，营养水平达不到较高欲配水平的情况会更加明显，常常须将欲配水平适当降低一些，使鸡能通过调节采食量而获得所需各养分的绝对数量。

本配方设计中，除玉米、大豆粕外，同时采用小麦、棉籽粕、菜籽饼和亚麻仁粕(均为二级品)作为原料；将欲配水平降低至农业行业鸡饲养标准 NY/T 33—2004 的 95%左右。

第一步：试配。

有了上面多次设计配方的经验，这次不妨一步将代谢能、粗蛋白质、钙与有效磷都考虑上。根据上例，先确定磷酸氢钙和石灰石粉的配比为 0.8%和 8.4%(欲配值降低，它们的配比也降低一点)。上述其他饲料可占的总配比为 89.5%(100%－1%－0.3%－0.8%－8.4%＝89.5%)。以下先确定小麦、棉籽粕、菜籽粕和亚麻仁粕的配比，参考本书饲料部分给出的适宜配比，将用量依次定为 10%、3%、7%和 5%，剩下的 64.5%分配给玉米与大豆粕(大致按能量饲料共占 2/3，蛋白质饲料占 1/3，先确定大豆粕为 10.0%，玉米为 54.5%)。现试算一下，再视情况作相应调整(表 3-18)。

表 3-18 蛋用型产蛋母鸡开产—高峰期饲粮配方(二)(试算)

饲 料	配比 (%)	代谢能 (兆焦/千克)	粗蛋白质 (%)	赖氨酸 (%)	蛋+胱氨酸 (%)	色氨酸 (%)	钙 (%)	有效磷 (%)
玉米,二级	54.50	7.34	4.25	0.13	0.16	0.03	0.01	0.07
小麦,二级	10.00	1.27	1.39	0.03	0.05	0.02	0.02	0.01
大豆粕,二级	10.00	0.98	4.40	0.27	0.13	0.06	0.03	0.02
棉籽粕,二级	3.00	0.25	1.31	0.06	0.04	0.02	0.01	0.01
菜籽饼,二级	7.00	0.57	2.50	0.09	0.10	0.03	0.04	0.02
亚麻仁粕,二级	5.00	0.40	1.74	0.06	0.06	0.04	0.02	0.02
磷酸氢钙	0.80	—	—	—	—	—	0.19	0.14
石灰石粉	8.40	—	—	—	—	—	3.01	—
L-赖氨酸盐酸盐	0.00	—	—	—	—	—	—	—
DL-蛋氨酸	0.00	—	—	—	—	—	—	—
预混料	1.00	—	—	—	—	—	—	—
食 盐	0.30	—	—	—	—	—	—	—
合 计	100.00	10.81	15.59	0.64	0.54	0.20	3.33	0.29
欲配水平		10.73	15.68	0.71	0.62	0.15	3.33	0.30
差 值		+0.08	−0.09	−0.07	−0.08	+0.05	0.00	−0.01

这一配使代谢能、粗蛋白质、钙、有效磷都接近了欲配值,色氨酸仍高一些,但赖氨酸和蛋+胱氨酸均不足。现在只要用适量 L-赖氨酸盐酸盐和 DL-蛋氨酸取代大豆粕就行了。

第二步:一调,提高赖氨酸与蛋+胱氨酸浓度。

因为减少大豆粕会使赖氨酸与蛋+胱氨酸有所下降,确定 2 种氨基酸的配比时,应考虑到这一点(因为小麦与 3 种杂粕的氨基酸利用率较低，希望把氨基酸平衡得好些)。

按上表2种氨基酸的缺额，应分别添加赖氨酸盐酸盐0.1%和蛋氨酸0.09%，而减少0.19%的大豆粕会减少赖氨酸0.005%和蛋+胱氨酸0.0025%。现在把2种氨基酸的配比提高至0.11%和0.1%。算一下看看(表3-19)。

表3-19　蛋用型产蛋母鸡开产—高峰期饲粮配方(二)(一调)

饲　料	配比(%)	代谢能(兆焦/千克)	粗蛋白质(%)	赖氨酸(%)	蛋+胱氨酸(%)	色氨酸(%)	钙(%)	有效磷(%)
玉米，二级	54.50	7.34	4.25	0.13	0.16	0.03	0.01	0.07
小麦，二级	10.00	1.27	1.39	0.03	0.05	0.02	0.02	0.01
大豆粕，二级	9.79	0.96	4.31	0.26	0.13	0.06	0.03	0.02
棉籽粕，二级	3.00	0.25	1.31	0.06	0.04	0.02	0.01	0.01
菜籽饼，二级	7.00	0.57	2.50	0.09	0.10	0.03	0.04	0.02
亚麻仁粕，二级	5.00	0.40	1.74	0.06	0.06	0.04	0.02	0.02
磷酸氢钙	0.80	—	—	—	—	—	0.19	0.14
石灰石粉	8.40	—	—	—	—	—	3.01	—
L-赖氨酸盐酸盐	0.11	0.02	0.11	0.09	—	—	—	—
DL-蛋氨酸	0.10	0.02	0.06	—	0.10	—	—	—
预混料	1.00	—	—	—	—	—	—	—
食　盐	0.30	—	—	—	—	—	—	—
合　计	100.00	10.83	15.67	0.72	0.64	0.20	3.33	0.29
欲配水平		10.73	15.68	0.71	0.62	0.15	3.33	0.30
差　值		+0.10	−0.01	+0.01	+0.02	+0.05	0.00	−0.01

由上表看出，各项指标均接近欲配水平，配方完成。读者从这

个配方的计算过程可能已悟出，设计配方也是熟能生巧，做得多了自然就得心应手，会做得又快又好。

例 5. 蛋用型产蛋母鸡开产—高峰期饲粮配方示例(三)

在以上示例中，关于氨基酸需要量，都是按各氨基酸的总量计算的。这对于以玉米、大豆粕为原料的饲粮是合适的，因这 2 种饲料的氨基酸消化与利用率高。但小麦、糙米等能量饲料及杂粕类等蛋白质饲料则不然，其氨基酸消化利用率低。这类原料若占饲粮的比例大，即使按氨基酸总量配平，但可利用氨基酸仍低于玉米—大豆粕型饲粮，故饲喂效果可能不及后者。若按可利用氨基酸计算配方，使在用这类饲粮时可利用氨基酸与玉米—大豆粕型饲粮达到相同水平，其饲喂效果可能会与之接近。

现在，首先检查上例已完成配方(表 3-19)的可利用氨基酸含量是否够。农业行业鸡饲养标准 NY/T 33—2004 建议，蛋用型产蛋鸡开产—高峰的可利用赖氨酸与可利用蛋氨酸分别为 0.66%和 0.32%，相应为其总氨基酸需要量的 88.9%(0.66÷0.75)和 94%(0.32÷0.34)；现按此百分数将上例中赖氨酸与蛋＋胱氨酸的欲配值折算为可利用氨基酸欲配值(0.63%和 0.58%)。

从农业行业鸡饲养标准 NY/T 33—2004 所附饲料成分表中，不能直接查出饲料原料的可利用氨基酸含量，可从鸡用饲料氨基酸表观利用率中，查出各种原料相应氨基酸的利用率，与其氨基酸总量相乘即得到其可利用氨基酸的百分含量。比如，菜籽饼(二级)含赖氨酸 1.33%，其表观利用率为 77%，其表观可利用赖氨酸含量即为 1.02%(1.33×0.77)。同法可算出所用各饲料原料的可利用赖氨酸、可利用蛋＋胱氨酸和可利用色氨酸含量，代入表 3-19 配方，得到表 3-20 结果。

表 3-20　蛋用型产蛋母鸡开产—高峰期饲粮配方(三)(试配)

饲　料	配比(%)	代谢能(兆焦/千克)	粗蛋白质(%)	可利用赖氨酸(%)	可利用蛋+胱氨酸(%)	可利用色氨酸(%)	钙(%)	有效磷(%)
玉米,二级	54.50	7.34	4.25	0.10	0.14	0.03	0.01	0.07
小麦,二级	10.00	1.27	1.39	0.03	0.04	0.01	0.02	0.01
大豆粕,二级	9.79	0.96	4.31	0.23	0.11	0.05	0.03	0.02
棉籽粕,二级	3.00	0.25	1.31	0.04	0.03	0.01	0.01	0.01
菜籽饼,二级	7.00	0.57	2.50	0.07	0.08	0.03	0.04	0.02
亚麻仁粕,二级	5.00	0.40	1.74	0.05	0.05	0.03	0.02	0.02
磷酸氢钙	0.80	—	—	—	—	—	0.19	0.14
石灰石粉	8.40	—	—	—	—	—	3.01	—
L-赖氨酸盐酸盐	0.11	0.02	0.11	0.09	—	—	—	—
DL-蛋氨酸	0.10	0.02	0.06	—	0.10	—	—	—
预混料	1.00	—	—	—	—	—	—	—
食　盐	0.30	—	—	—	—	—	—	—
合　计	100.00	10.83	15.67	0.61	0.55	0.16	3.33	0.29
欲配水平		10.73	15.68	0.63	0.58	0.15	3.33	0.30
差　值		+0.10	−0.01	−0.02	−0.03	+0.01	0.00	−0.01

可看出,虽然如表 3-19 所示,配方的 3 种氨基酸的总量已达欲配值,但可利用氨基酸值仍不足,可再加 L-赖氨酸盐酸盐和 DL-蛋氨酸将其配平。这两种氨基酸产品的利用率都是 100%,按平衡总氨基酸的方法做即可。本例中,可将 L-赖氨酸盐酸盐增至 0.15%,蛋氨酸增至 0.13%。其结果见表 3-21。

表 3-21 蛋用型产蛋母鸡开产—高峰期饲粮配方(三)(一调)

饲 料	配比(%)	代谢能(兆焦/千克)	粗蛋白质(%)	可利用赖氨酸(%)	可利用蛋+胱氨酸(%)	可利用色氨酸(%)	钙(%)	有效磷(%)
玉米,二级	54.50	7.34	4.25	0.10	0.14	0.03	0.01	0.07
小麦,二级	10.00	1.27	1.39	0.03	0.04	0.01	0.02	0.01
大豆粕,二级	9.72	0.96	4.28	0.22	0.11	0.05	0.03	0.02
棉籽粕,二级	3.00	0.25	1.31	0.04	0.03	0.01	0.01	0.01
菜籽饼,二级	7.00	0.57	2.50	0.07	0.08	0.03	0.04	0.02
亚麻仁粕,二级	5.00	0.40	1.74	0.05	0.05	0.03	0.02	0.02
磷酸氢钙	0.80	—	—	—	—	—	0.19	0.14
石灰石粉	8.40	—	—	—	—	—	3.01	—
L-赖氨酸盐酸盐	0.15	0.03	0.14	0.12	—	—	—	—
DL-蛋氨酸	0.13	0.03	0.08	—	0.13	—	—	—
预混料	1.00	—	—	—	—	—	—	—
食 盐	0.30	—	—	—	—	—	—	—
合 计	100.00	10.85	15.69	0.63	0.58	0.16	3.33	0.29
欲配水平		10.73	15.68	0.63	0.58	0.15	3.33	0.30
差 值		+0.12	+0.01	0.00	0.00	+0.01	0.00	−0.01

上表的结果可能比较令人满意,配方完成。

当前,以可利用氨基酸为目标配合鸡饲粮尚受到一定限制。主要是缺乏许多饲料有代表性与可信度高的氨基酸利用率。就包括大豆饼粕在内的饼粕类而论,榨油过程中的适当热处理可破坏其原料中存在的抗营养因子，对饼粕中蛋白质和氨基酸消化、利用有益；但加热不足不能破坏全部抗营养因子，过热则使赖氨酸、蛋氨酸、胱氨酸等大多数氨基酸的利用率下降。特别是油饼中可利用氨基酸的数据较缺。以上计算可利用氨基酸示例中，菜籽饼的色氨酸利用率是借用菜籽粕的。

另外，鸡可利用氨基酸需要量的推荐值也少见。农业行业鸡饲养标准 NY/T 33—2004 中，只给出产蛋母鸡的可利用赖氨酸与可利用蛋氨酸的需要量。日本农林水产省 1993 年发布的鸡饲养标准中，也只有产蛋母鸡和肉用仔鸡的推荐值。

2. 肉用型鸡配方示例

因设计肉用种母鸡配方的过程基本与蛋用型产蛋母鸡相同，本节只给出肉仔鸡饲料配方设计示例。

例 1. 肉仔鸡 0～3 周龄配方示例(一)

肉仔鸡生长非常迅速，饲养策略基本是充分发挥其生长潜力，故所需代谢能和各种养分绝对量都明显高于同龄的蛋用生长鸡，除满足其较高的采食量外，其饲粮营养浓度也较高。本例仍以农业行业鸡饲养标准 NY/T 33—2004 中肉仔鸡营养需要量之一的推荐量作为欲配水平。对于需要量高、采食量大、体内消化、代谢极度紧张的肉用仔鸡，应首选优质的、消化利用率高的饲料原料。但在实践中，不得不用档次较低饲料原料的情况也频频出现，会使配方设计有一定困难。此处仍先用二级玉米和大豆粕试配一下。

第一步：试配。以二级玉米和大豆粕为主原料，加上磷酸氢钙和石灰石粉(参考蛋用生长鸡配方用量)试算，看代谢能、粗蛋白质、钙与有效磷可达到的水平(表 3-22)。

表 3-22 肉仔鸡 0～3 周龄饲粮配方(一)(试配)

饲 料	配比 (%)	代谢能 (兆焦/千克)	粗蛋白质 (%)	赖氨酸 (%)	蛋+胱氨酸 (%)	色氨酸 (%)	钙 (%)	有效磷 (%)
玉米,二级	65.00	8.76	5.07	0.15	0.20	0.04	0.01	0.08
大豆粕,二级	31.10	3.06	13.68	0.83	0.40	0.20	0.10	0.06
鱼粉,CP62.5%	0.00	—	—	—	—	—	—	—
菜籽油	0.00	—	—	—	—	—	—	—
磷酸氢钙	1.40	—	—	—	—	—	0.33	0.25
石灰石粉	1.20	—	—	—	—	—	0.43	—
L-赖氨酸盐酸盐	0.00	—	—	—	—	—	—	—
DL-蛋氨酸	0.00	—	—	—	—	—	—	—
预混料	1.00	—	—	—	—	—	—	—
食 盐	0.30	—	—	—	—	—	—	—
合 计	100.00	11.82	18.75	0.98	0.60	0.24	0.87	0.39
欲配水平		12.54	21.50	1.15	0.91	0.21	1.0	0.45
差 值		−0.72	−2.75	−0.17	−0.31	+0.03	−0.13	−0.06

由表 3-21 结果看出,除色氨酸外,所有指标都未达到欲配水平。可能有 3 个调整的办法:一是适量添加高能量与高蛋白质的原料;二是换用一级玉米与大豆粕:三是降低欲配水平。先试试第一个办法。

第二步:一调。试算用菜籽油 3%替换玉米,加 3%鱼粉(粗蛋白质 62.5%)替代大豆粕的效果(表 3-23)。

表 3-23　肉仔鸡 0～3 周龄饲粮配方(一)(一调)

饲　料	配比 (%)	代谢能 (兆焦/千克)	粗蛋白质 (%)	赖氨酸 (%)	蛋+胱氨酸 (%)	色氨酸 (%)	钙 (%)	有效磷 (%)
玉米,二级	62.00	8.35	4.84	0.14	0.19	0.04	0.01	0.07
大豆粕,二级	28.10	2.76	12.36	0.75	0.37	0.18	0.09	0.05
鱼粉,CP62.5%	3.00	0.37	1.88	0.15	0.07	0.02	0.12	0.09
菜籽油	3.00	1.16	—	—	—	—	—	—
磷酸氢钙	1.40	—	—	—	—	—	0.33	0.25
石灰石粉	1.20	—	—	—	—	—	0.43	—
L-赖氨酸盐酸盐	0.00	—	—	—	—	—	—	—
DL-蛋氨酸	0.00	—	—	—	—	—	—	—
预混料	1.00	—	—	—	—	—	—	—
食　盐	0.30	—	—	—	—	—	—	—
合　计	100.00	12.64	19.08	1.04	0.63	0.24	0.98	0.46
欲配水平		12.54	21.50	1.15	0.91	0.21	1.0	0.45
差　值		+0.10	−2.42	−0.11	−0.28	+0.03	−0.02	+0.01

从表 3-23 结果看出,此举使代谢能、赖氨酸、钙与有效磷都达到或接近了欲配值,但粗蛋白质和蛋+胱氨酸仍差得较多。测算表明,须再用 13%的鱼粉替代大豆粕才能使粗蛋白质接近欲配值,这是不现实的;即使优质鱼粉的供应充足,经济上许可,也不允许加这样多的鱼粉,因这样做可能导致鸡发生肌胃糜烂、食盐中毒等严重后果。在一调基础上改用一级玉米与大豆粕或许是上策。

第三步:二调。换用一级玉米与大豆粕,配比不变,试算(表 3-24)。

表 3-24　肉仔鸡 0～3 周龄饲粮配方(一)(二调)

饲　料	配比(%)	代谢能(兆焦/千克)	粗蛋白质(%)	赖氨酸(%)	蛋＋胱氨酸(%)	色氨酸(%)	钙(%)	有效磷(%)
玉米,一级	62.00	8.41	5.39	0.15	0.24	0.04	0.01	0.07
大豆粕,一级	28.10	2.82	13.46	0.81	0.39	0.19	0.10	0.05
鱼粉,CP62.5%	3.00	0.37	1.88	0.15	0.07	0.02	0.12	0.09
菜籽油	3.00	1.16	—	—	—	—	—	—
磷酸氢钙	1.40	—	—	—	—	—	0.33	0.25
石灰石粉	1.20	—	—	—	—	—	0.43	—
L-赖氨酸盐酸盐	0.00	—	—	—	—	—	—	—
DL-蛋氨酸	0.00	—	—	—	—	—	—	—
预混料	1.00	—	—	—	—	—	—	—
食　盐	0.30	—	—	—	—	—	—	—
合　计	100.00	12.76	20.73	1.11	0.70	0.25	0.99	0.46
欲配水平		12.54	21.50	1.15	0.91	0.21	1.0	0.45
差　值		＋0.22	－0.77	－0.04	－0.21	＋0.04	－0.01	＋0.01

由表 3-23 可见,这一调整比较有效,但粗蛋白质和蛋＋胱氨酸仍低。加 DL-蛋氨酸把蛋＋胱氨酸提高至欲配水平,粗蛋白质保持在现在的相近水平是可以的。若加少量玉米蛋白粉(含粗蛋白质 63.5%,蛋氨酸含量高)可减少蛋氨酸添加比例,并可能使粗蛋白质水平有改善。

第四步:三调。用 1%玉米蛋白粉与适量 DL-蛋氨酸替代大豆粕。这样做可能使代谢能再上升,故减少菜籽油 1%,相应提高玉米配比;同时,把磷酸氢钙减 0.1%,加到石粉上(表 3-25)。

表 3-25　肉仔鸡 0～3 周龄饲粮配方(一)(三调)

饲　料	配比（%）	代谢能（兆焦/千克）	粗蛋白质（%）	赖氨酸（%）	蛋+胱氨酸（%）	色氨酸（%）	钙（%）	有效磷（%）
玉米，一级	63.00	8.54	5.48	0.15	0.24	0.04	0.01	0.08
大豆粕，一级	26.90	2.70	12.89	0.77	0.38	0.19	0.09	0.05
鱼粉，CP62.5%	3.00	0.37	1.88	0.15	0.07	0.02	0.12	0.09
玉米蛋白粉 CP63.5%	1.00	0.16	0.64	0.01	0.02	0.00	0.00	0.00
菜籽油	2.00	0.77	—	—	—	—	—	—
磷酸氢钙	1.30	—	—	—	—	—	0.30	0.23
石灰石粉	1.30	—	—	—	—	—	0.47	—
L-赖氨酸盐酸盐	0.00	—	—	—	—	—	—	—
DL-蛋氨酸	0.20	0.04	0.12	—	0.20	—	—	—
预混料	1.00	—	—	—	—	—	—	—
食　盐	0.30	—	—	—	—	—	—	—
合　计	100.00	12.58	21.01	1.08	0.91	0.25	0.99	0.45
欲配水平		12.54	21.50	1.15	0.91	0.21	1.0	0.45
差　值		+0.04	−0.49	−0.07	0.00	+0.04	−0.01	0.00

现在，此配方各指标均接近欲配值，粗蛋白质低 0.49%，可以接受。配方完成。

例 2. 肉仔鸡 0～3 周龄配方示例(二)

如上所述，饲养肉仔鸡的基本策略是充分发挥其生长潜力。但快速生长增加氧需求量，导致鸡心肺负担过大，易发生腹水综合征，给肉鸡业带来不小的经济损失，高海拔地区尤其严重。通过限饲控制肉仔鸡的生长速度，减缓体内代谢率，可明显降低本病的发病率。4～6周龄是肉仔鸡生长的关键阶段,生长过快易发生腿病及腹水综合征,过慢则影响出栏体重。有人主张此阶段饲粮代谢能值不宜过高,在12.56～13.18MJ/kg即可。

农业行业鸡饲养标准NY/T 33—2004肉仔鸡营养需要之一推荐的0～3周龄代谢能浓度为12.54MJ/kg,低于美国NRC(1994)的13.39MJ/kg。从上例看出,用中低档饲料原料所配饲粮仍难于达到此水平。此示例中,就是按上述第三种设想,将欲配水平降低5%(即将例1的各欲配水平均乘以95%),仍用二级玉米与大豆粕,加3%玉米蛋白粉(粗蛋白质62.5%)试算(表3-26)。

表3-26 肉仔鸡0～3周龄饲粮配方(二)(试配)

饲料	配比(%)	代谢能(兆焦/千克)	粗蛋白质(%)	赖氨酸(%)	蛋+胱氨酸(%)	色氨酸(%)	钙(%)	有效磷(%)
玉米,二级	63.10	8.50	4.92	0.15	0.19	0.04	0.01	0.08
大豆粕,二级	30.00	2.95	13.20	0.80	0.39	0.19	0.10	0.05
玉米蛋白粉CP63.5%	3.00	0.49	1.91	0.03	0.07	0.01	0.00	0.01
菜籽油	0.00	—	—	—	—	—	—	—
磷酸氢钙	1.40	—	—	—	—	—	0.33	0.25
石灰石粉	1.20	—	—	—	—	—	0.43	—
L-赖氨酸盐酸盐	0.00	—	—	—	—	—	—	—
DL-蛋氨酸	0.00	—	—	—	—	—	—	—
预混料	1.00	—	—	—	—	—	—	—
食盐	0.30	—	—	—	—	—	—	—
合计	100.00	11.94	20.03	0.98	0.65	0.24	0.87	0.39
欲配水平		11.91	20.43	1.09	0.86	0.20	0.95	0.43
差值		+0.03	−0.40	−0.11	−0.21	+0.04	−0.08	−0.04

表 3-26 试算结果显示，在降低营养水平 5%时，用级别较低的玉米、大豆粕，加上玉米蛋白质粉，使代谢能达到欲配值，粗蛋白质低一些，但可接受，赖氨酸、蛋＋胱氨酸、钙及有效磷仍偏低，可稍调整(表 3-27)。

表 3-27　肉仔鸡 0～3 周龄饲粮配方(二)(一调)

饲　料	配比 (%)	代谢能 (兆焦/千克)	粗蛋白质 (%)	赖氨酸 (%)	蛋＋胱氨酸 (%)	色氨酸 (%)	钙 (%)	有效磷 (%)
玉米，二级	62.57	8.43	4.88	0.14	0.19	0.04	0.01	0.08
大豆粕，二级	30.00	2.95	13.20	0.80	0.39	0.19	0.10	0.05
玉米蛋白粉 CP63.5%	3.00	0.49	1.91	0.03	0.07	0.01	0.00	0.01
磷酸氢钙	1.60	—	—	—	—	—	0.37	0.29
石灰石粉	1.20	—	—	—	—	—	0.43	—
L-赖氨酸盐酸盐	0.13	0.02	0.12	0.10	—	—	—	—
DL-蛋氨酸	0.20	0.04	0.12	—	0.20	—	—	—
预混料	1.00	—	—	—	—	—	—	—
食　盐	0.30	—	—	—	—	—	—	—
合　计	100.00	11.93	20.23	1.07	0.85	0.24	0.91	0.43
欲配水平		11.91	20.43	1.09	0.86	0.20	0.95	0.43
差　值		＋0.02	－0.20	－0.02	－0.01	＋0.04	－0.04	0.00

表 3-27 所示调整结果比较令人满意，配方完成。如同前述，肉仔鸡也可通过提高采食量，从营养浓度较低的饲粮中获取所需代谢能与各种养分的绝对量。

例 3. 肉仔鸡 0～3 周龄配方示例(三)

本例将演示在降低欲配值(同例 2)情况下，采用一些中、低档的能量与蛋白质饲料原料(表 3-1)设计肉仔鸡 0～3 周龄饲粮配方的过程。参考上例终配方中玉米蛋白粉、磷酸氢钙与石灰石粉的配比,棉籽粕与菜籽饼分别用 5%和 4%,糙米用 10%,仍按能量饲料与蛋白质饲料 2∶1 大致确定玉米与大豆粕的配比,而后试算(表 3-28)。

表 3-28　肉仔鸡 0～3 周龄饲粮配方(三)(试配)

饲　料	配比(%)	代谢能(兆焦/千克)	粗蛋白质(%)	赖氨酸(%)	蛋+胱氨酸(%)	色氨酸(%)	钙(%)	有效磷(%)
玉米,二级	55.00	7.41	4.29	0.13	0.14	0.03	0.01	0.07
糙米,良	10.00	1.41	0.88	0.03	0.03	0.01	0.00	0.02
大豆粕,二级	18.90	1.86	8.32	0.50	0.25	0.12	0.06	0.03
棉籽粕,二级	5.00	0.42	2.18	0.10	0.06	0.03	0.01	0.02
菜籽饼,二级	4.00	0.33	1.43	0.05	0.06	0.02	0.02	0.01
玉米蛋白粉 CP63.5%	3.00	0.49	1.91	0.03	0.07	0.01	0.00	0.01
磷酸氢钙	1.60	—	—	—	—	—	0.37	0.29
石灰石粉	1.20	—	—	—	—	—	0.43	—
L-赖氨酸盐酸盐	0.00	—	—	—	—	—	—	—
DL-蛋氨酸	0.00	—	—	—	—	—	—	—
预混料	1.00	—	—	—	—	—	—	—
食　盐	0.30	—	—	—	—	—	—	—
合　计	100.00	11.92	19.01	0.84	0.61	0.22	0.90	0.45
欲配水平		11.91	20.43	1.09	0.86	0.20	0.95	0.43
差　值		+0.01	−1.42	−0.25	−0.25	+0.02	−0.05	+0.02

表 3-28 结果显示,粗蛋白质、赖氨酸与蛋+胱氨酸不足,应再

做调整。将大豆粕配比提高，加适量 L-赖氨酸盐酸盐与 DL-蛋氨酸，相应减少玉米配比；顺便把钙与有效磷也略调一下(表 3-29)。

表 3-29　肉仔鸡 0～3 周龄饲粮配方(三)(一调)

饲　料	配比 (%)	代谢能 (兆焦/千克)	粗蛋白质 (%)	赖氨酸 (%)	蛋+胱氨酸 (%)	色氨酸 (%)	钙 (%)	有效磷 (%)
玉米，二级	52.42	7.06	4.09	0.12	0.13	0.03	0.01	0.06
糙米，良	10.00	1.41	0.88	0.03	0.03	0.01	0.00	0.02
大豆粕，二级	21.00	2.06	9.24	0.56	0.27	0.13	0.07	0.04
棉籽粕，二级	5.00	0.42	2.18	0.10	0.06	0.03	0.01	0.02
菜籽饼，二级	4.00	0.33	1.43	0.05	0.06	0.02	0.02	0.01
玉米蛋白粉 CP63.5%	3.00	0.49	1.91	0.03	0.07	0.01	0.00	0.01
磷酸氢钙	1.50	—	—	—	—	—	0.35	0.27
石灰石粉	1.30	—	—	—	—	—	0.47	—
L-赖氨酸盐酸盐	0.25	0.05	0.24	0.20	—	—	—	—
DL-蛋氨酸	0.23	0.05	0.14	—	0.23	—	—	—
预混料	1.00		—	—	—	—	—	—
食　盐	0.30	—	—	—	—	—	—	—
合　计	100.00	11.87	20.11	1.09	0.85	0.23	0.93	0.43
欲配水平		11.91	20.43	1.09	0.86	0.20	0.95	0.43
差　值		−0.04	−0.32	0.00	−0.01	+0.03	−0.02	0.00

从表 3-29 结果看，各指标都接近欲配值，配方完成。

四、如何参考现有饲粮配方

有的养鸡户自己设计饲粮配方确有困难，或不想费事，就从有关书籍或资料中借用现成的配方。这种办法虽然便捷，但很少能达到理想的效果。其原因有：①找到的配方所用阶段划分、营养水平都不一定适合您用，配方也不一定完善；②配方虽较完善，营养水平等也适合，但您缺少其中某些原料，须用别的原料替代；③配方较完善，营养水平适合，您也拥有其中的饲料原料，但现有原料成分与营养价值可能与配方所用的同名饲料不同。在配合饲料厂和大型养殖场，要根据原料价格、供应状况，不断调整配方；即使在原料种类不变的情况下，也并非始终用相同的配方，因为所进饲料原料的成分和营养价值也是在不断变化的。他们对所购入的每批原料都要采样分析，而后根据测定值对配方做适当调整。

养鸡户切记不要盲目地采用他人的现有配方，下功夫学会配方设计，或请有经验的人帮助计算，实为上策。其实，最省事、最经济、效果最好的办法，是购买大、中型配合饲料厂生产的浓缩饲料，按其说明混入一定比例的能量饲料（玉米、小麦麸等），即可获得质量较有保证的全价（或近似全价）饲料（详见本书第四章）。

一定得采用现有配方的情况下，应对搜集到的配方进行对比、筛选，选出与您所养的鸡的生理阶段一致，营养水平也适宜，所用饲料均可获得，具有全价配合饲料特征的配方；提供时间近一些的配方可能汲取了较新的研究成果，专业机构或专门从事鸡营养、饲料研究的专家提供的配方会有较多的含金量。但不论怎样做，用现有配方，即使是“典型配方”，效果也不一定就好。如前述，饲料成分与营养价值受多种因素影响，鸡的生产性能、环境条件都在变化之中，动物营养科学也在不断发展，应当与时俱进，不断适应各种变化对配方进行调整，才能使之更符合需要。以下与读者一起学习与分析一些配方。

（一）肉仔鸡饲粮配方对比分析

引入 3 套国内肉仔鸡饲料配方和国外的 1 个肉仔鸡配方，可能没有适合于您直接应用的，但总会有可学习与借鉴之处。

1. 配方之一 见表3-30。

表3-30 国内肉仔鸡饲料配方(一)

配合比例(%)			营养水平		
饲　料	0～4周	5～8周	指　标	0～4周	5～8周
玉　米	61.17	66.22	代谢能(兆焦/千克)	12.97	13.14
大豆粕	30.0	28.00	粗蛋白质(%)	20.50	19.10
鱼　粉	6.00	2.00	钙(%)	1.02	1.11
DL-蛋氨酸	0.19	0.27	有效磷(%)	0.45	0.44
L-赖氨酸盐酸盐	0.05	0.27	赖氨酸(%)	1.20	1.20
骨　粉	1.22	1.89	蛋氨酸(%)	0.53	0.53
食　盐	0.37	0.35	蛋氨酸＋胱氨酸(%)	0.86	0.83
微量元素、维生素预混料	1.00	1.00			
合　计	100.00	100.00			

引自张宏福，张子仪编著，动物营养参数与饲养标准.中国农业出版社，1998

这是一组肉仔鸡全价饲粮配方。其主原料为玉米(能量饲料)、大豆粕和鱼粉(蛋白质饲料)，加骨粉、合成氨基酸产品(DL-蛋氨酸和L-赖氨酸盐酸盐)与1%的微量元素、维生素复合预混料，总的配比是100%；给出了饲粮主要营养指标达到的水平。添加1%复合预混料提供各种维生素与微量元素，是比较正规与科学的。该配方的设计思路、方法均无问题，食盐与各饲料的配比也合适。

学习这个配方，应该着重于两个问题：①配方依据的是什么饲养标准？效果如何？是否适合现在拟养的鸡？从配方所示营养水平看，阶段划分、粗蛋白质水平与0～4周龄的钙和有效磷水平，可能主要参考中华人民共和国专业标准鸡的饲养标准(ZB—85)；两阶段所用代谢能浓度高于该标准，而低于美国NRC家禽营养需要(1984，1994)；两阶段赖氨酸、蛋氨酸与蛋＋胱氨酸浓度和钙与有效磷水平相等或相近，均高于以上两个标准。配方设计者对营养水平的这些调整出自何设想，我们无法得知，按此配方饲养肉仔鸡的效果更不可知晓。②配方中未注明各种原料的等级或主要成分的含量，如何按配方中配比用现在能购到的原料配出相同营养水平的配方呢？如以配方的粗蛋白质为指标框算一下，0～4 周龄配方中若玉米为二级(粗蛋白质为 7.8%)、大豆粕为三级(粗蛋白质 40%)，所用鱼粉的粗蛋白质含量可能是 62%左右；但 5～8 周龄配方中，若所用玉米与鱼粉同上，则须用含粗蛋白质含量 42.5%的大豆粕才配得出。

可见，我们认定了一个比较好的配方，欲原封不动地去用，可能要花许多工夫，结果也不一定能如愿。

2. 配方之二 见表 3-31。

表 3-31 国内肉仔鸡饲粮配方(二)

配合比例(%)				营养水平			
饲料	0～3 周	4～6 周	7～8 周	指标	0～3 周	4～6 周	7～8 周
玉米	56.69	67.04	70.23	代谢能(兆焦/千克)	12.97	13.39	13.39
大豆粕	25.10	14.80	15.10	粗蛋白质(%)	24.00	20.00	18.00
鱼粉	12.00	12.00	8.00	钙(%)	1.00	0.95	0.90
植物油	3.00	3.00	3.00	有效磷(%)	0.50	0.50	0.40
L-赖氨酸盐酸盐	0.14	0.23	0.31	赖氨酸(%)	1.42	1.26	1.16
DL-蛋氨酸	0.20	0.20	0.21	蛋氨酸(%)	0.60	0.59	0.51
石灰石粉	0.95	1.03	1.08	蛋氨酸+胱氨酸(%)	0.95	0.86	0.80
磷酸氢钙	0.42	0.20	0.57				
含药维生素预混剂	1.00	1.00	1.00				
微量元素预混料	0.50	0.50	0.50				
合计	100.00	100.00	100.00				

引自张宏福，张子仪编著，动物营养参数与饲养标准. 中国农业出版社，1998

这也是一个肉仔鸡的全价配合饲料配方。划分为 3 个阶段，所用营养水平高于国标 ZB—86，大部分指标也高于 NRC 家禽营养需要(1984、1994)，仅 0～3 周龄代谢能较低，4～6 周龄和 7～8 周龄粗蛋白质和 0～3 周龄钙水平与国标 ZB—86 相同。与配方一相比，原料组成上增加了植物油，鱼粉配比高，用磷酸氢钙替代骨粉，分别添加维生素预混料与微量元素预混料。原料中无食盐，可能因鱼粉用量大，其所含盐分已够。同样，此配方也未注明所用原料的主要营养成分含量或等级，给直接应用此配方带来不便。本配方所用鱼粉配比很高，从原料获得、成本及对肉品质考虑(会使肉带鱼腥味)，现今应用已受局限；当前配方中的鱼粉配比多为 2%～3%，由于添加的微量与活性成分越来越多，使无鱼粉全价饲料也能获得相近的饲养效果。

3. 配方之三 见表 3-32。

表 3-32 国内肉仔鸡饲粮配方(三)

原 料	育雏料		中期料		后期料	
玉米(%)	58.8	59.5	61.7	64.1	65.1	67.8
豆粕(%)	33.0	34.0	30.0	28.0	27.0	20.0
膨化大豆(%)	0	0	0	0	0	6.0
棉籽粕(%)	0	0	0	2.0	0	2.0
小麦麸(%)	0	0	0	0	0	0
鱼粉(%)	2.0	3.0	1.5	2.0	1.0	0
磷酸氢钙(%)	1.5	1.4	1.4	1.56	1.4	1.4
石灰石粉(%)	1.2	0.6	1.3	0.8	1.4	1.1
食盐(%)	0.3	0.3	0.3	0.3	0.3	0.3
油脂(%)	2.0	0	2.5	0	2.5	0
胆碱(50%),(%)	0.1	0.1	0.1	0.1	0.1	0.1
蛋氨酸(%)	0.14	0.1	0.14	0.1	0.14	0.12
其他添加剂(%)	1.0	1.0	1.0	1.0	1.0	1.0
合 计	100.04	100.00	100.00	100.04	100.00	99.96

引自房振伟，赵永国主编．肉鸡标准化饲养新技术．中国农业出版社，2005

从配方出处与原料组成特点看，表 3-32 给出的是近期设计的一组全价饲粮配方。其鱼粉用量少，用了膨化大豆及 1%复合预混料（即表中的其他添加剂）。该配方也采用 3 个阶段（育雏期、中期和后期），但未明确给出周龄。农业行业标准 NY/T 33—2004 给出的两个肉仔鸡营养需要，在此 3 个阶段的周龄划分上不同；此配方采取了模糊周龄的办法。配方中未给出营养水平，无法判断其参照的饲养标准。其中有 3 个配方的合计值不等于 100%，虽差之不多，却说明配方不够规范。与配方一、二相同，未标明各原料的等级或主要营养成分含量。以上存在的问题均给直接应用此配方带来困难。

4. 配方之四　见表 3-33。

表 3-33　国外肉用仔鸡幼雏期饲粮配方

饲　料	配比(%)	营养水平	
黄玉米	52.2	代谢能(兆焦/千克)	13.27
稳定油脂	4.0	粗蛋白质(%)	23.8
大豆粕(48%)	32.5	脂肪(%)	6.9
玉米面筋粉(60%)	2.0	钙(%)	1.06
鱼粉(65%)	6.0	总磷(%)	0.75
玉米烧酒糟及残液	2.5	赖氨酸(%)	1.34
苜蓿粉	1.0	蛋氨酸(%)	0.50
磷酸二钙	1.5	胱氨酸(%)	0.44
石灰石粉	1.0	亚油酸(%)	1.70
碘化食盐	0.25	叶黄素(毫克/千克)	2.00
DL-蛋氨酸	0.07		
维生素矿物质预混料	0.2		
合　计	100.00		

引自 MILTON L，SCOTT 等著，周毓平译.《鸡的营养》. 北京农业大学出版社，1989

表3-33给出的是20世纪80年代国外的一个肉用仔鸡幼雏期饲粮配方示例。该配方参考的是美国NRC鸡营养需要的建议量，其代谢能(13.39兆焦/千克)、粗蛋白质(23%)、赖氨酸(1.20%)与蛋氨酸(0.50%)等的水平都高于我国肉仔鸡饲养标准。从示出的3种蛋白质饲料的粗蛋白质含量(这样做，使他人较易应用此配方)可见，所用原料是高品质的，添加的油脂也是经稳定化的。

配方的计算，首先是考虑要达到粗蛋白质含量24%，大概需用30%的大豆粕和稍多于50%的玉米；通过调整玉米、大豆粕和脂肪的配比，达到精确而适宜的能量和粗蛋白质水平；然后，要确定鱼粉、肉粉、磷酸二钙、石灰石粉、食盐、维生素和矿物质预混料，以及未鉴定因子在配方中的配比。

在营养水平的计算方面，除我们经常计算的指标外，还计算了脂肪、亚油酸和叶黄素的含量。以黄玉米作为主要能量饲料，并加了玉米面筋粉(即玉米蛋白粉)2%，优质苜蓿粉1%，可提供叶黄素，使肉鸡在6周龄有良好的色素沉着。加烧酒糟是考虑提供未鉴定生长因子。鱼粉除是粗蛋白质和必需氨基酸的良好来源外，还可提供可利用的钙与磷。他们认为，肉用仔鸡幼雏饲粮中至少应加2.5%的鱼粉。

(二)蛋用型鸡饲粮配方对比分析

以下示出一些国内蛋用型生长鸡和产蛋鸡饲粮配方，也希望读者能从中获得一些启示。

1. 蛋用鸡生长期饲粮配方之一 见表3-34。

表 3-34 蛋鸡生长期饲粮配方(一)

配合比例(%)				营养水平			
饲 料	0~6周	7~14周	15~20周	指 标	0~6周	7~14周	15~20周
玉 米	58.08	59.06	56.07	代谢能(兆焦/千克)	12.09	11.97	11.46
高 粱	3.18	4.14	4.22	粗蛋白质(%)	18.50	16.40	14.40
小麦麸	9.00	13.00	23.00	钙(%)	0.85	0.78	0.62
大豆饼	7.00	5.00	4.00	有效磷(%)	0.41	0.37	0.31
花生饼	7.00	6.00	4.00	赖氨酸(%)	0.85	0.63	0.52
芝麻饼	7.00	6.00	4.00	蛋氨酸+胱氨酸(%)	0.60	0.53	0.43
鱼 粉	6.00	4.00	2.00				
骨 粉	0.90	1.00	0.90				
贝壳粉	0.40	0.40	0.40				
石灰石粉	0.10	0.10	0.10				
L-赖氨酸盐酸盐	0.10	—	—				
DL-蛋氨酸	0.05	0.05	—				
复合添加剂	1.00	1.00	1.00				
食 盐	0.19	0.25	0.31				
合 计	100.00	100.00	100.00				

这是蛋用鸡生长期 3 个阶段的系列全价饲粮配方。阶段划分同我国鸡饲养标准 ZB—86,代谢能及各养分的水平也近似于该标准。饲料原料组成较多样化,能量饲料以玉米为主,加了适量高粱、小麦麸;蛋白质饲料中用了 3 种饼粕与鱼粉;含钙、磷饲料用骨粉,同时用了两种含钙饲料(贝壳粉和石灰石粉)。多数饲料的配比适宜,计入了鱼粉中食盐,故 3 个阶段的食盐配比有别;花生饼与芝麻饼用量偏多(见本书第二章。芝麻饼粕用量高可引起鸡脚软和生长抑制,花生饼粕易感染黄曲霉毒素及含抗营养因子)。贝壳粉与石灰石粉的成分均是碳酸钙,并非必须同时用,可视当地资

源情况，选用其中一种。

与上面给出的肉仔鸡配方一样，该配方也未注明饲料原料的等级或主要成分含量，不便直接应用

2. 蛋用鸡生长期配方之二 见表3-35。

表3-35 蛋鸡生长期饲粮配方(二)

配合比例(%)				营养水平			
饲 料	0～6周	8～15周	15～18周	指 标	0～6周	8～15周	15～18周
玉 米	64.70	72.80	70.10	代谢能(兆焦/千克)	12.38	12.55	12.34
小麦麸	—	3.00	—	粗蛋白质(%)	18.54	15.08	14.48
大豆粕	25.40	13.00	16.90	钙(%)	1.03	1.00	2.25
菜籽粕	2.50	4.00	2.00	有效磷(%)	0.45	0.41	0.41
胡麻粕	1.00	4.00	1.00	赖氨酸(%)	0.88	0.63	0.65
鱼 粉	2.00	—	—	蛋氨酸+胱氨酸(%)	0.54	0.46	0.43
石灰石粉	0.50	—	4.50				
磷酸氢钙	2.60	1.90	2.00				
复合添加剂	1.00	1.00	1.00				
食 盐	0.30	0.30	0.30				
合 计	100.00	100.00	100.00				

这是某鸡场用于海兰褐壳蛋鸡生长期的3个配方。配方依据是该鸡种饲养管理指南中推荐的营养水平，其育雏育成期分成四阶段，即0～6周龄、6～8周龄、8～15周龄、15～18周龄，在15～18周龄即将饲粮钙水平提高至2.25%，以满足产蛋前期母鸡在髓骨内贮存钙的需要。由于列表的限制，此表未示出6～8周龄的配方。所用原料除玉米、大豆粕及小麦麸外，有少量菜籽粕和胡麻粕，用量适当，仅在0～6周龄用2%鱼粉。配方中未添加合成赖

氨酸与蛋氨酸，故赖氨酸与含硫氨基酸低于推荐值。

3. 海兰蛋鸡产蛋期饲粮配方之一　见表 3-36。

表 3-36　海兰蛋鸡产蛋期饲粮配方

配合比例（%）			营养水平		
饲　料	18～36 周	36 周后	指　标	18～36 周	36 周后
玉　米	61.70	60.90	代谢能（兆焦/千克）	11.51	11.30
小麦麸	0.50	4.75	粗蛋白质（%）	15.89	15.50
大豆粕	19.10	15.65	钙（%）	3.33	3.39
菜籽粕	4.00	4.00	有效磷（%）	0.40	0.40
胡麻粕	4.00	4.00	赖氨酸（%）	0.75	0.68
鱼　粉	—	—	蛋氨酸＋胱氨酸（%）	0.48	0.46
石灰石粉	7.50	7.55			
磷酸氢钙	1.90	1.85			
复合添加剂	1.00	1.00			
食　盐	0.30	0.30			
合　计	100.00	100.00			

表 3-36 是某鸡场用于海兰蛋鸡产蛋期的部分配方，参照海兰褐壳蛋鸡生产指南营养推荐值配出；该指南将产蛋期分为 18～36 周龄、36～52 周龄、52 周龄后 3 个阶段，但表中是 36 周龄后用 1 个配方。饲料原料与生长期基本相同（表 3-35），加菜籽粕与胡麻粕用量适宜；也未添加合成氨基酸，故赖氨酸与蛋＋胱氨酸低于推荐值，代谢能也较推荐值低一些。

4. 迪卡蛋鸡生长期与产蛋期饲粮配方　见表 3-37。

表 3-37 某养鸡户用于迪卡蛋鸡的饲粮配方

配合比例(%)				营养水平			
饲料	0~8周	9~18周	产蛋	指标	0~8周	9~18周	产蛋
玉米	60.55	62.00	62.95	代谢能(兆焦/千克)	12.05	11.63	11.46
小麦麸	4.00	18.50	—	粗蛋白质(%)	20.66	15.23	17.08
大豆粕	25.40	10.00	19.00	钙(%)	1.04	0.93	3.59
菜籽粕	3.00	3.00	2.00	有效磷(%)	0.49	0.46	0.44
芝麻粕	2.00	—	2.00	赖氨酸(%)	1.01	0.73	0.72
棉仁粕	—	2.00	2.00	蛋氨酸+胱氨酸(%)	0.74	0.57	0.68
鱼粉	2.00	—	—				
肉骨粉	3.85	3.50	3.70				
石灰石粉	0.50	0.40	7.80				
赖氨酸	0.10	0.15	—				
蛋氨酸	0.15	0.10	0.20				
食盐	0.35	0.35	0.35				
合计	100.00	100.00	100.00				

注:多种维生素与混合微量元素另加

表 3-37 是某专业户所用配方,基本参照迪卡褐壳蛋鸡饲养管理指南营养推荐值配出。该指南将 19~20 周龄划分为产蛋前期(钙为 2.5%),但未设计此配方,而采用了逐渐用产蛋期饲粮替换 9~18 周龄大雏饲粮的办法(即从 17 周龄或 18 周龄开始,至产蛋率达 5%~10%期间,开始用 95%大雏料与 5%产蛋料混合饲喂;每隔 3 天调一次,再减少大雏料 5%和增加产蛋料 5%,直至完全用产蛋料饲喂);产蛋期仅 1 个配方,而指南中将产蛋期划分为 3 个阶段(产蛋率 87%以上、87%~80%、80%以下)。这套配方仅

在 0～8 周龄用了少量鱼粉；共用了 4 种饼粕，配比在适宜范围，未见棉仁粕对鸡蛋品质产生不良作用。此配方未用 1%预混料，采用了较早的做法，在配合比例之外另加多种维生素与微量元素预混料。配方中也未示出原料等级或主要成分的含量。

第四章 鸡配合饲料及其制作

一、饲料与配合饲料

(一)饲料、日粮与饲粮

1. 饲料 通常把自然界天然存在的、含有能满足各种用途动物所需营养成分的可食物质称为饲料。但随着动物生产水平不断提高与养殖业规模化、集约化,为充分发挥动物的生产潜力,已将各种天然的、人工合成的纯营养物质用于饲料,如各种添加剂。所以,现代意义上,饲料是可以供给家畜、家禽、鱼类等营养需要的一切可用的物质。

2. 日粮(ration) 是指每日喂给1只鸡或1头(只)其他畜禽的各种饲料(草)的总和(以重量表示)。我国古代喂小型马用"三麸、三料、八斤草(即1.5千克麸皮、1.5千克精料、4千克草)",就是一个日粮。如果只有1只产蛋母鸡,每天给它喂100克小麦,这只母鸡的日粮就是100克小麦。常常用几种饲料混合成日粮,如每天用50克小麦、10克小麦麸、20克大豆粕、7克菜籽粕、7克棉籽粕和6克石灰石粉喂这只产蛋母鸡。以上是凭经验或随意为畜禽确定的日粮,缺乏营养科学依据。伴随着动物营养科学与技术的发展,对畜禽营养需要的认识逐步深入,营养需要量的确定和饲料成分与营养价值评定不断扩展与完善,代之以按营养需要配合畜禽日粮,使养殖业生产水平大幅度提高。但是,随着近代规模化养殖业的出现与蓬勃发展,大概现今只能给创纪录的高产奶牛、赛马、优良种公牛等单独配合日粮了。

3. 饲粮(diet)　是指用多种饲料原料和饲料添加剂，按一定百分比均匀混合而成、喂给群饲的鸡或其他畜禽的饲料。就蛋鸡与肉鸡而言，依据鸡群的品种、用途、生理阶段、平均生产水平对代谢能和营养物质的需要量(百分数或每千克中的含量)，按百分比将多种饲料和添加剂配制成饲粮，并按每只鸡的采食量计算出全群的供料量。当然，如本书第一章所述，配合饲粮依据的能量和营养物质需要量，仍是以鸡群体平均的代谢能及各养分的绝对需要量为基础计算出的。

(二)单一饲料、混合饲料与配合饲料

1. 单一饲料　可以喂鸡的饲料种类繁多，每一种饲料是一种饲料单体，若将某一种饲料单独饲喂畜禽，俗称饲喂单一饲料，如上述只用100克小麦喂产蛋母鸡。每种饲料都具有其特有的营养特点、营养价值与饲用特性，没有一种饲料单独饲喂能满足鸡任何一个生理阶段的营养需要；也并非任何饲料都能作为单一饲料喂鸡。像棉籽饼(粕)、菜籽饼(粕)等含有毒有害成分的饲料、矿物质饲料，血粉、羽毛粉、皮革粉等非常规饲料及各种添加剂，虽属饲料范畴，却只能作为日(饲)粮的一个组成成分利用，不能单独饲喂。

2. 混合饲料　凭经验把几种饲料混合在一起，如玉米50%、小麦10%、小麦麸8.5%、大豆粕22%、菜籽粕7%、石灰石粉1%、骨粉1%、食盐0.5%，广义上也可看作混合饲料，其喂鸡的效果可能比单一饲料好；但严格地说，这只能算是"凑合饲料"。如果参照饲养标准和饲料成分与营养价值表，通过计算确定几种饲料的比例，使代谢能和几种主要营养物质(如粗蛋白质、钙、磷)满足鸡的需要，饲喂效果会更好些；按此计算的比例配成的饲粮称之为混合饲料；但还有大量的营养指标不能满足其需要，故鸡的生产潜力仍得不到充分发挥，饲料中营养物质也不能有效地被利用。

3. 配合饲料　广义上，它也是由多种饲料配合而成的混合饲

料，但与上述混合饲料不同。它是根据畜禽营养需要，在近代营养科学原理的指导下配制而成的；是在配合饲料工厂，按照配方师设计的饲料配方，由专业人员（技术人员、工人），用饲料配合机组生产出的营养丰富、混合均匀的饲料工业产品。配方设计中考虑了现今被试验证明畜禽需要的各种营养素，除代谢能、粗蛋白质、钙、磷、食盐等外，鸡配合饲料中考虑了多种氨基酸、维生素、矿物质和微量元素的需要，且添加某些保健药物、防止饲料变质及提高饲料采食量和产品品质的各种添加剂。人们常常称配合饲料为“营养平衡的饲料”或“全价饲料”。

二、鸡配合饲料的分类

（一）按营养成分和用途分类

配合饲料工厂均生产可直接饲喂鸡等家禽的全价配合饲料；为方便用户，减少饲料运输费用，降低饲料成本，多数配合饲料工厂还生产和提供满足蛋鸡与肉鸡营养需要程度不同的两类饲料半成品，即浓缩饲料和添加剂预混料。

1. 全价（配合）饲料 即参照鸡的营养需要，用多种饲料与添加剂配制，并经充分混合的营养平衡的饲料；除水之外，用户不需添加任何饲料即可直接饲喂，能满足鸡对代谢能和各种营养物质的需求，获得高的饲料利用率和生产力。现时我国许多饲料加工企业生产系列的蛋鸡全价饲料和肉鸡全价饲料，用户可以直接购买用于饲喂。大型蛋鸡或肉鸡养殖场一般均有饲料车间，按该场鸡群的需要生产系列的蛋鸡或肉鸡全价配合饲料。有一定条件的养殖户与专业户，也可自配近似全价饲料。

2. 浓缩饲料 是由维生素、微量元素、氨基酸、促生长或防病药物等添加剂预混料和含钙、磷的矿物质饲料、蛋白质饲料与食盐等组成，是配合饲料厂生产的半成品。浓缩饲料中，除能量指标外，其余营养成分的浓度均很高，一般为全价配合饲料的3～4倍，如蛋白质含量一般为30%～75%，按设计比例与其他成分（主要是能量饲料，如玉米、高粱等）相混合，可以得到或近似得到全价配合饲料。浓缩饲料占全价配合饲料的比例，因动物、配方及目的不同而有很大变化，一般在5%～50%之间，通常情况下占20%～40%；它可以包括全部蛋白质饲料，也可以只含一部分蛋白质饲料，还可能把一部分能量饲料包括在内。在将所占比例较低的浓缩饲料配成全价饲料时，可能还需补加蛋白质饲料；而用高比例的浓缩料时，只需添加一部分能量饲料。蛋用育成鸡（7～20周龄）用浓缩料占全价料的建议比例为30%～40%，产蛋鸡浓缩料相应为40%（含贝壳粉或石灰石粉）或30%（不含贝壳粉或石灰石粉）或15%～20%；肉用仔鸡前期浓缩料占全价料的建议比例为30%，后期为25%。

3. 添加剂预混合饲料　简称预混料。是一种在配合饲料中所占比例很小而作用很大的饲料产品。由一种或多种具有生物活性的微量组分（各种维生素、微量矿物质元素、合成氨基酸、非营养性添加剂）组成，并将其吸附在一种载体上或用某种稀释剂稀释，经搅拌机充分混合而成的产品。它是浓缩料和全价饲料的重要组成成分。添加剂预混料在配合饲料中所占比例很小，一般为0.25%～3%，但却是配合饲料的精华部分，有人称它为配合饲料的“心脏”。生产添加剂预混料的目的是将添加量极微的添加成分经过稀释扩大，使其中的有效成分能均匀地分散在浓缩饲料和全价饲料中，以使蛋鸡或肉鸡采食的每一部分全价饲料均能提供全价的营养，并避免某些微量成分在局部聚集造成中毒。通常，要求添加剂预混料的添加比例为最终产品的1%或更高。若添加比例较低，必须在生产全价饲料前进行第二次预混、扩大，以保证微量成分在最终产品中均匀分布。

以上3种配合饲料是饲料厂独立的产品，但相互间又有密切的关系（图4-1）。

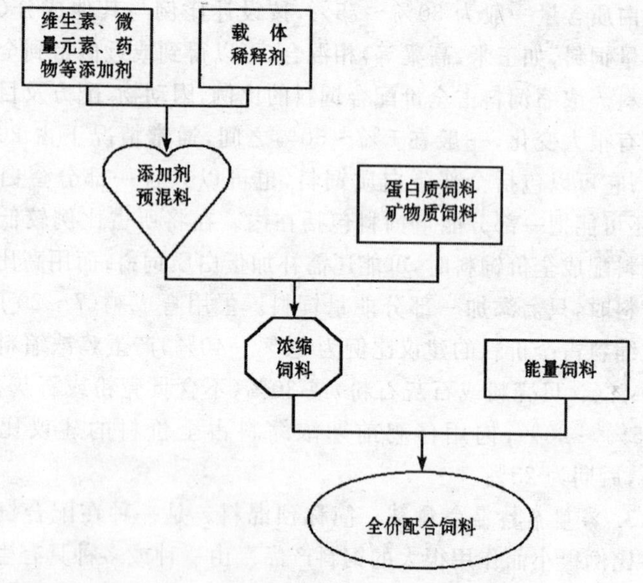

图4-1　3种鸡配合饲料产品的关系

除全价配合饲料、浓缩饲料和添加剂预混合饲料外，国内某些小型饲料厂还生产一部分混合饲料，供某些养殖户或农户采用。

（二）按饲料原料组成的特点分类

我国现行蛋鸡和肉鸡饲粮有玉米—大豆粕—鱼粉型，玉米—大豆粕型，玉米—大豆粕—杂粕型。但由于各地饲料原料和价格的差异较大，配合饲料的原料组成往往会有多种类型。玉米—大豆粕—鱼粉型饲粮是喂鸡比较理想的饲粮类型，其营养全面，品质好。

杂粕是指大豆饼粕以外的各种榨油工业副产品，如菜籽饼粕、棉籽饼粕等。杂粕的代谢能、粗蛋白质含量及氨基酸组成不及大豆饼粕，其消化利用率低，且含有各种抗营养因子；但合理利用各种杂粕，针对性地进行添加，也可配制出较好的饲粮，获得较为满意的饲喂效果。可在饲粮中同时用几种杂粕，限制每种杂粕的用量，使其发挥营养互补，并避免各种杂粕中抗营养因子的有害作用。

在我国某些地区，玉米种植面积小，而其他谷类作物，如小麦、高粱、燕麦、稻谷等的种植面积大或产量高，也可用这些谷类饲料作为鸡饲粮中的一部分或全部能量饲料，但须考虑各种饲料的不利方面，确定适宜的用量，或补加其他相应的饲料组分。

(三)按饲料形态分类

按物理形态区分，有粉状饲料、颗粒饲料、碎粒料、压扁饲料、膨化饲料、液体饲料、块状饲料。以下是鸡饲养中常用的饲料形态。

1. 粉状饲料 粉状配合饲料是目前仍普遍使用的料型。全价配合饲料、添加剂预混料、浓缩饲料、混合饲料都可以是粉状饲料。粉状饲料的加工工艺简单，耗电少，加工成本低；易与其他饲料(如青绿饲料)搭配饲喂，使用方便。但饲喂过程中粉尘大，营养成分受环境的影响大，畜禽易挑食、抛撒，运输过程中易造成分级而致混合均匀度降低。蛋鸡各生理阶段多采用粉状料，肉鸡种鸡也应采用粉状料。

2. 颗粒饲料 是将配合好的全价粉状饲料经颗粒机压制而成的饲料。压制成颗粒可避免饲喂过程中鸡挑食和运输中分级现象发生，使鸡采食的饲料组分均一，也可避免鸡舍内粉尘过多。畜禽采食颗粒饲料的速度较粉状料快，可减少进食过程的维持能量消耗。肉用仔鸡饲养中多采用颗粒饲料。但在种鸡饲养中用颗粒饲料易造成过食、过肥。在蛋鸡和肉种鸡育成期限制饲养阶段，采用颗粒饲料还易使某些鸡过食和另一些鸡采食不足，引起啄癖。

3. 碎粒料 是颗粒饲料的一种特殊形式，是将生产好的颗粒饲料经过磨辊式破碎机破碎成 2～4 毫米大小的碎粒。生产雏鸡料常用碎粒料形式。

4. 膨化饲料 是将混合好的配合饲料或饲料原料经挤压膨化机处理所得到的饲料。有干法膨化机和湿法膨化机。前者完全靠机械摩擦、挤压对物料进行加压；湿法膨化机增设了蒸汽调质器，变干挤压为湿挤压。膨化过程的高温、高压与压力突然改变，使含淀粉 20%以上粉状饲料中的淀粉糊化、体积迅速膨胀，可提高其可消化性与适口性；膨化还可使饲料（如菜籽饼粕、棉籽饼粕等）中的抗营养因子失活，有效地杀灭微生物。近年猪、禽配合饲料中用膨化全脂大豆作为一种原料；通过膨化，可使大豆中的抗原蛋白、部分抗胰蛋白酶等抗营养因子失活，提高饲料养分的可消化性与可利用性；将膨化处理后的全脂大豆加到猪、禽全价饲料中，可起到直接加油的作用。但膨化处理也使多种维生素的活性下降。

5. 液体饲料 主要有糖蜜、油脂、矿物质油、某些抗氧化剂、某些维生素、液体蛋氨酸等。在鸡（特别是肉用仔鸡）的配合饲料中经常添加油脂，以提高饲粮的能量浓度；氯化胆碱亦为液态，常常是先将其吸附在麸皮等吸附剂上，再加到配合饲料中。

三、鸡预混合饲料的配制

（一）配制预混合饲料的必要性

在全价饲料中，常常添加 14 种维生素、6 种微量元素及某些药物、抗氧化剂、防霉剂等添加剂，这对补充与平衡营养、增进动物食欲、提高饲料养分利用率、动物保健、改善产品品质、饲料保质等起着至关重要的作用，正确应用饲料添加剂可大幅度提高畜禽生产水平与经济效益。在饲料总量中，各种添加剂的添加量都很小，有的用量极微，如硒在配合饲料中的用量为0.15～0.30克/吨，欲将每种添加剂分别称量且均匀地混合于全价饲料中是不可能的。必须把多种添加剂粉碎到相当的细度，混合并用载体或稀释剂将其承载、吸附或稀释成预混料，再将其作为一个组分添加到其他饲料组分中，经充分搅拌使各种添加剂均匀地分布于饲料产品中。

(二)生产预混合饲料的专业性强

如前所述，饲料添加剂是全价饲料的“精华”、“心脏”，其产品质量对全价饲料品质影响之大是显而易见的。大多数添加剂属于活性成分，它们的物理、化学特性各异；一些添加剂会破坏另一些添加剂，如硫酸亚铁可使维生素A、维生素D、维生素E的活性降低，维生素C和泛酸可破坏烟酸的结构而导致其活性下降，氯化胆碱强的吸湿性会使许多种维生素的活性快速下降等。生产预混料所需各种载体具有不同的承载能力，各种稀释剂的流散性不同，这些特点以及它们的细度与含水量都会影响预混料的质量。配制预混料，首先须根据畜禽需要、饲粮类型、饲养管理状况等，设计配方。获得好的配方后，欲精确称量各添加剂原料，必需有精确度符合要求的称量工具，称量硒、碘等极微量添加剂要求精确至0.0001克；要把各种添加剂原料粉碎到应有的细度，需要高效的粉碎设备，有的原料须用球磨机粉碎。为使各种添加剂充分被载体吸附并均匀分布，需要混合效率高、残留量低的混合机；极微量添加剂须先分别预混，再混合到其他添加剂中。显然，添加剂预混料生产的专业性极强，需要掌握坚实的专业理论与专业技能的技术人员与受过专门训练的技术工人来进行；还要求有高效率、高精度的设备和严密的工艺流程。

(三)添加剂预混料的种类与配制

1. 按使用特征分类　从商品使用角度可分为复合预混料、高浓度分类预混料和基础预混料 3 大类。以肉鸡为例，将各类预混料的结构内涵与全价饲料配方做比较(表 4-1)。

表 4-1 肉鸡全价饲料配方及各类预混料示意表

原料种类	配比(%)	高浓度分类预混料	复合预混料			
		0.1%～0.5%	0.5%	1%	3%～6%	5%～10%
微量元素	0.1～0.3	√	√	√	√	√
维生素	0.01～0.03	√	√	√	√	√
氯化胆碱	0.05～0.2	√	√	√	√	√
药物添加剂		√	√	√	√	√
氨基酸	0.05～0.5			√	√	√
食　盐	0.2～0.5				√	√
磷　盐	1～2				√	√
钙　盐	0.5～1				√	√
动物蛋白	0～5				√×	√
饼　粕	25～35					√×
油　脂	0～4					
能量饲料	50～70					
能否进配料仓		×	×	×	√×	√
使用一般配料秤能否人工拌和		×	×	×	√×	√
对配料与混合的要求		高	高	中	中	不高
对加工、载体、包装等的要求		高	高	高	中	不高
包装大小		小、小	小、中	中	中	大
使用范围(大、中、小厂或专业户)		大、中	中、小	中、小	中、小、户	小、户

注：1. √为加，×为不加，√×为加或不加

2. 引自李勇，万熙卿编著《饲料添加剂使用与鉴别技术》. 中国农业大学出版社，1998

(1)复合预混料　近年来,含有微量元素、维生素、氯化胆碱、氨基酸及药物添加剂的复合预混料的使用量日益增多。因组成不同,其用量在0.5%～5%范围内。使用最普遍的是1%复合预混料,它含有几种关键性的添加剂,只要与基础料匹配合理,就能提高所组成饲粮的全价性;使用也较方便,可在饲料混合时定量投入混合机,在不具备优良混合机的条件下,即使用立式混合机甚至人工拌和,也可勉强使用而不致发生很大问题。但微量元素、维生素、氯化胆碱间存在较严重的配伍禁忌,浓度较高、贮存时间较久时损失较大;因包括的添加剂种类多,而不同畜种及同一畜种不同生理阶段对各种添加剂的需要有差别,故须适应这些变化生产不同的产品。3%～6%的预混料中,除营养性与药物添加剂外,还加入了食盐、钙与磷补充饲料(有或无动物性蛋白质);5%～10%预混料(基础预混料)除有动物性蛋白外,还可能加入部分饼粕。这类预混料已具备浓缩料的部分特点,也常被称为"料精"。

(2)高浓度分类预混料　是一大类特别适合大、中型饲料厂生产全价饲料使用的预混料。浓度为0.01%～0.1%的维生素预混料,0.1%～0.3%的微量元素预混料,以及硒预混料、药物预混料、抗应激或解决某种缺乏症的预混料等。单体预混料也可用于规模较大的养殖场。这类预混料既较好地解决了配伍禁忌、稳定性、吸水性、静电等问题,又可不经稀释直接添加到配合饲料中,适应性也较广泛,如不同种类和不同阶段的肉鸡可用同一种维生素预混料。

2. 按畜禽种分类　不同畜禽的营养需要各异,不同生理阶段、不同用途的同一种畜禽的需要也有差别,故添加剂生产厂均分别为不同的畜禽生产系列的添加剂预混料产品。就鸡而言,蛋用型鸡与肉用型鸡的需要有不同特点,同是肉仔鸡或蛋用型鸡,各生理阶段的需要也不同。故添加剂生产厂均生产系列添加剂预混料。如我国某公司添加剂厂生产禽用1%(包括各种维生素和微量元素添加剂)与6%(包括各种维生素、微量元素和钙、磷补充料)复合预混料系列产品,每个系列均包括9种产品,即肉(小)鸡、肉(中、大)鸡、肉鸡(停药期)、种(小、中)鸡、种鸡(产蛋期)、蛋(小、中)鸡、蛋鸡(产蛋期)、肉鸭和蛋鸭(产蛋期)用的预混料。

3. 配制添加剂预混料的程序与要求

(1)设计配方　主要是设计维生素与微量元素的配方,在此基础上可进一步组成复合预混料配方。设计配方仍然须参照国内外饲养标准的建议量;还须综合考虑地区差别、鸡不同生理阶段与生产水平、基础饲料组成、饲养方式等对需要量的影响,地理与环境因素等对基础饲料中维生素与微量元素含量的影响,以及温度、湿度、光线等对各种添加剂活性的影响,在建议量上加一定的安全系数,算出实际应添加的总量。全价饲料的各种基础饲料组分中,含不等量的各种维生素与微量元素,计算添加量时本应将其从需要量中扣除。但因这两类物质的测定均十分烦琐,加之地理与环境、气候与土壤、植物生育期、加工方法等因素,导致这些养分含量的变化甚大,故现在均按饲养标准建议量设计配方,将饲料本身的含量作为安全裕量的一部分。

(2)选择添加剂原料　要根据每种原料的规格、有效含量、异构物、活力单位,以及与其他添加剂的相互关系、价格等,选出最适用的原料。微量元素的原料有氧化物、硫酸盐、碳酸盐、氯化物等。我国多用硫酸盐(如七水硫酸亚铁、七水硫酸锌、五水硫酸铜、五水硫酸锰),与氧化物和碳酸盐相比,硫酸盐类易溶于水,在消化道中易被吸收,有效性高,但加工与贮存过程中易吸潮结块(须干燥处理与防结块),且可通过氧化还原作用破坏维生素等的结构,使其活性下降;氧化物的元素含量高,价格较便宜,又不吸湿结块,流动性与稳定性均好,易于加工,但其有效性较低。人工合成的维生素添加剂与天然存在的维生素的生物学效价不同,如鱼肝油中维生素A的生物学效价仅为30%~70%,而人工合成的维生素A的生物学效价可达100%。维生素的剂型影响其稳定性，如维生素A制剂的微粒粉剂的稳定性优于微粒胶囊，更优于液状的维生素A。选择原料时还须注意配伍禁忌问题，如烟酸和维生素C都是酸性强的添加剂，易使泛酸钙脱氨失活，又如氯化胆碱对维生素A、胡萝卜素、维生素D、维生素B_1和泛酸钙等均有破坏作用。由于维生素、微量元素添加剂在全价配合饲料中所占比例极小，只有通过粉碎使其体积变小、颗粒数增多，才能分布均匀；据国外经验，维生素粒度应在100～1 000微米之间；铁、锌、锰等微量元素的粉碎粒度应全部通过60目(0.3毫米)筛，钴、碘、硒等极微量成分应粉碎至200目(0.076毫米)以下。必须充分了解各类原料的特点，权衡利弊，做出抉择，并就所选原料存在的问题采取相应的处理办法。

(3)算出各种添加剂原料的添加量　有些添加剂极不稳定，添加剂原料生产厂通过将其转化为稳定的化学形式或用一些辅料进行包被，制成单体预混料，此过程中使某些添加剂被稀释，如维生素A、维生素D添加剂中该维生素的含量都是50万IU/克(IU是国际单位)，维生素E、维生素K制剂的纯度均是50%，维生素B_{12}添加剂的纯度是1%；微量元素是以盐类、氧化物等形式添加，其中元素的含量不等，如七水硫酸亚铁中含铁20.1%，碳酸亚铁中含铁40.7%，氧化亚铁含铁77.8%；各种盐类均含杂质，纯度各异，如七水硫酸亚铁的纯度指标为≥98%，一水硫酸亚铁为≥91%。但有些市售饲料级微量元素盐并非都能达到技术指标要求的纯度。有些微量元素添加剂(如硒、碘)在全价饲料中添加量极微，须先将其溶于水，喷洒到载体上，干燥后制成预混料，再与其他添加剂相混合；这些元素均被载体稀释，如硒预混料中含硒有0.01%和0.02%的两种。计算添加剂的添加量时，必须考虑添加剂原料中活性成分的含量、纯度，以及其预混剂的稀释度。

(4)选择载体与稀释剂　载体是有一定承载能力，或能承载与输送微量有效物质、能与一种或多种微量活性物质结合的非活性饲用原料。微量成分能和载体很好地混合，并被吸附或镶嵌在载体上，同时使微量成分的混合特性与外观性状发生改变。稀释剂是一类能改变微量组分浓度，但不能改变其混合特性的可饲物质。但载体也具有稀释作用，某些稀释剂也有一定的承载能力，有些物质既是载体，又是稀释剂。载体与稀释剂含水量一般不能超过10%，粒度较细，容重(单位容积饲料、载体或稀释剂的重量，千克/升)与比重(单位容积液体物质的重量，克/毫升)须与添加剂近似，应不产生静电(存在静电可使饲料中某些部分吸附在混合机的机壳上，难于混合均匀)。在预混料中常用的有机载体为稻壳粉、麸皮、脱脂米糠、玉米粉、玉米芯粉、豆粕粉等；无机载体有碳酸钙、食盐、蛭石、硅酸盐、沸石、海泡石等。常用的有机稀释剂有去胚玉米粉、蔗糖、烘烤的大豆粉、带麸小麦粗粉等；常用无机稀释剂有石灰石粉、磷酸二钙、贝壳粉、白陶土、食盐和硫酸钠等。各种载体或稀释剂的理化特性不同，可根据配制添加剂预混料的要求加以选择。如制备维生素预混料通常应用与其容重相近的有机载体，配制微量元素预混料则应用无机载体。对水分含量、细度不符合要求的载体、稀释剂，应进行适当干燥、磨碎等加工处理。

(5)添加剂预混料配方示例　表4-2和表4-3分别为维生素预混料与微量元素预混料配方示例。读者可从该二表中看出这两种高浓度分类预混料配方设计的大致过程。

表4-2　维生素预混料配方示例

维生素	纯度	含量/千克全价料[1]	全价料中添加量克/吨	预混料中百分比	每千克预混料中含量
维生素A乙酸酯	50万IU/克	8000IU	16	8	4000万IU
维生素D_3	50万IU/克	2500IU	5	2.5	1250万IU
维生素E乙酸酯	50%	20IU	40	20	10万IU

续表 4-2

维生素	纯度	含量/千克全价料[1]	全价料中添加量克/吨	预混料中百分比	每千克预混料中含量
维生素 K_3(94%)	50%	3mg	6	3	1.5 万 mg
维生素 B_1	98%	1.5mg	1.53	0.765	7500mg
维生素 B_2	96%	6mg	6.25	3.125	3 万 mg
维生素 B_6	98%	3mg	3.06	1.53	1.5 万 mg
维生素 B_{12}	1%	0.01mg	1	0.5	50mg
烟　酸	99%	30mg	30	15	15 万 mg
泛酸钙	98%	10mg	10.2	5.1	5 万 mg
叶　酸	80%	0.5mg	0.625	0.3125	2500mg
生物素	2%	0.05mg	2.5	1.25	250mg
维生素 C	96%	—	—	—	—
小　计	—	—	122.165	61.0825	
抗氧化剂 BHT	50%	—	0.8	0.4	2000mg
载体(细烘干玉米粉)			77.035	39.5175	
合　计			200	100	

注:1. 国内某预混料厂的添加量

2. IU 为国际单位

3. 维生素预混料中一般不加氯化胆碱,在配制全价料时加入。在复合预混料中包括氯化胆碱

4. 引自李德发主编《现代饲料生产》.中国农业大学出版社,1997:287。

表 4-3　蛋用型生长鸡(0~8 周龄)微量元素预混料配方示例

元素	添加量[1](毫克/千克)	原　料	纯品中元素含量(%)	纯　度(%)	原料用量(克/吨)	预混料中比例(%)
铜	8	$CuSO_4 \cdot 5H_2O$	25.5	96	8/0.255/0.96=32.7	0.65
铁	80	$FeSO_4 \cdot 7H_2O$	20.1	98	80/0.201/0.98=406.1	8.12
锌	60	$ZnSO_4 \cdot 7H_2O$	22.7	98	60/0.227/0.98=269.7	5.39

续表 4-3

元素	添加量[1]（毫克/千克）	原　料	纯品中元素含量（%）	纯　度（%）	原料用量（克/吨）	预混料中比例（%）
锰	60	$MnSO_4 \cdot 5H_2O$	22.8	98	60/0.228/0.98=268.5	5.37
碘	0.35	KI 预混物	76.4	1	0.35/0.764/0.01=45.8	0.92
硒	0.30	Na_2SeO_3 预混物	45.65	1	0.30/0.4565/0.01=65.7	1.31
小　计					1088.5	21.76
载体（稀释剂）[2]					3911.5	78.24
合　计					5 000.0[3]	100.00

注：1. 参考农业行业鸡饲养标准 NY/T 33—2004

2. 可选用石灰石粉或沸石粉等

3. 预混料在全价料中添加量为 0.5%

（6）预混料制作工艺　维生素预混料与微量元素预混料的制作工艺过程大体相同，现综合叙述；另对复合预混料配制的特点、难点与特殊的工艺要求做简单介绍。

①预混料的配制：选定预混料原料及载体、稀释剂后，须将其处理达到所要求的细度与含水量。而后须按配方准确地称量出各种原料。称量用秤或天平均应达到规定的精度与灵敏度。可以人工称量，也可用计算机控制称量过程，均须准确无误。

②预混料混合工艺：应选择混合时间短、混合效率高、残留少、易清理的混合机。要求混合均匀度高、变异系数小（C. V≤5%）；并应定期检查搅拌机的混合均匀度，及时调整最佳搅拌时间。须遵循正确的加料顺序：一般是先加全部载体（或稀释剂），再加入油脂，混合 2 分钟后，加入各种维生素添加剂（或微量元素添加剂），再混合 10～15 分钟；微量元素预混料也可按另一种顺序加料，即先加入载体（或稀释剂），而后加入微量元素组分，混合 3 分钟后加油脂，继续混合 10～15 分钟。通常加油量为 1%～3%，一般用矿

物油或植物油；若油脂中含不饱和脂肪酸，应同时加抗氧化剂，并尽量缩短预混料的保存时间。在预混料中油脂可做黏合剂，减少粉尘，又可起防静电与保护包被的作用，避免不同性质的原料间相互反应，影响活性等。但在制作维生素添加剂预混料时很少加油。

③包装与贮藏：配制好的微量元素预混料和维生素预混料，一般要求包装出厂，不采用散装。包装重量为 5～50 千克不等，多为 50 千克。对高浓度的单项维生素预混料和高浓度单项碘化钾、硒等预混料，要用纤维板箱（筒），内衬塑料袋；对维生素类预混料采用 3 层牛皮纸和 1 层塑料薄膜制成的 4 层组合包装袋，密封包装；对一般微量元素预混料采用 2 层牛皮纸和 1 层塑料薄膜制成的 3 层组合包装袋（也有用衬塑料薄膜编织袋者）。在包装袋外应有标签，标明主要成分含量及浓度、使用方法与注意事项。

维生素预混料和微量元素预混料都不适于长期保藏，尤其是前者，生产出的产品应尽快出厂，提供给用户。但仍有短期保藏问题。两类预混料的贮藏条件基本一致，即通风、干燥、低温、隔热、避免日光直射等。维生素预混料成分的活性对环境更加敏感，应特别注意满足其贮藏条件。

④复合添加剂预混料的配制：复合预混料在全价料中的添加比例为 0.5%、1%、2%等。其中几乎包括所有需预混的成分，如一般维生素预混料中不添加的氯化胆碱、蛋氨酸和为特殊目的（如改善肉鸡腿、喙、皮肤颜色）加入的添加剂等。制作复合预混料的难度远大于维生素与微量元素预混料：其一，须加强隔离与保护措施，防止维生素与微量元素相互接触引起的活性快速下降；其二，须采取相应措施防止氯化胆碱吸湿及对多种维生素的破坏；其三，维生素与微量元素的容重不同，需选择能兼顾二者承载良好与均匀分布的载体和稀释剂，主要要求分散性好、粒度适中（20～80 目），尽量将水分控制在 10%以下，不易吸湿等。

在维生素预混料与微量元素预混料配方基础上，再加上氯化胆碱等添加剂，即构成复合预混料配方。在有维生素预混料和微量元素预混料产品时，可大大提高复合预混料的配制效率及均匀度。但一般仍为一次性完成生产，除必须的几种（如亚硒酸钠、维生素 B_{12} 及少量抗生素等）须进行预混合外，大多数均直接进行单项计量并投入生产。

复合预混料不宜长期保存，应将产品尽快推向市场，使用户须在1个月内用完。

四、鸡浓缩饲料的配制

浓缩饲料主要由微量元素、维生素、氨基酸、促生长或防病等药物添加剂和钙、磷及蛋白质饲料等组成，是全价饲料的半成品；不能单独饲喂，须与设计比例的其他成分（主要是能量饲料，也可能有一部分蛋白质饲料）相混合成全价饲料（或近似于全价饲料），再喂给畜禽等动物。浓缩饲料在全价饲料中所占比例在5%～50%之间，占全价料3%～10%的产品也可看作预混料，已在预混料部分介绍。以下讨论全价料中配比为20%～40%浓缩料的配制。

（一）鸡浓缩饲料配方设计

1. 由全价料推算出浓缩料配方　这是较常见、直观而简单的方法。可将全价料中能量的整数部分作为用户添加量，把剩余的其他部分换算成浓缩饲料配方。下面依据本书第三章的6～8周龄蛋用雏鸡配方示例（表3-14）的全价饲料配方，设计浓缩饲料配方；全价饲料配比（%）为：玉米（二级）55.00，磷酸氢钙1.40，小麦（二级）10.00，石灰石粉1.20，大豆粕（二级）22.02，赖氨酸盐酸盐0.15，棉籽粕（二级）4.00，DL-蛋氨酸0.13，菜籽饼（二级）4.00，预混料 1.00,菜籽油 0.80,食盐 0.30。

本例中两种能量饲料之和为 65.0%,剩余部分为 35.0%,可配制比例为 35%的浓缩料,也可在浓缩饲料中保留 5.0%的能量饲料(如玉米),配制 40%的浓缩料。

将全价饲料配方欲配浓缩料部分各原料均除以浓缩料比例(40%),即转换成 40%浓缩料配方(表 4-4)。

表 4-4　按全价饲料中欲配浓缩料部分换算浓缩饲料配方

饲料原料	全价饲料中配比(%)	40%浓缩料中配比(%)
玉米(二级)	5.00	5.00÷0.4=12.50
大豆粕(二级)	22.02	22.02÷0.4=55.05
棉籽粕(二级)	4.00	4.00÷0.4=10.00
菜籽饼(二级)	4.00	4.00÷0.4=10.00
菜籽油	0.80	0.80÷0.4=2.00
磷酸氢钙	1.40	1.40÷0.4=3.50
石灰石粉	1.20	1.20÷0.4=3.00
L-赖氨酸盐酸盐	0.15	0.15÷0.4=0.375
DL-蛋氨酸	0.13	0.13÷0.4=0.325
1%预混料	1.00	1.00÷0.4=2.50
食　盐	0.30	0.30÷0.4=0.75
合　计	40.00	100.00

2. 按设定比例计算浓缩饲料配方　仍为 6～8 周龄蛋用雏鸡,用上例饲料原料设计 35%浓缩饲料配方。步骤如下。

第一步:确定全价饲料的欲配营养水平。现亦用上例相同水平,即代谢能 11.91 兆焦/千克、粗蛋白质 19.00%、赖氨酸

1.00%、蛋+胱氨酸0.74%、色氨酸0.20%、钙0.90%、有效磷0.40%(表3-14)。

第二步:确定玉米(二级)、小麦(二级)在全价饲料中的比例分别为55%和10%,并计算出其中所含代谢能与养分量(表4-5)。

表4-5 0~8周龄蛋用雏鸡全价饲料中能量饲料配比及提供养分量

饲 料	配比(%)	代谢能(兆焦/千克)	粗蛋白质(%)	赖氨酸(%)	蛋+胱氨酸(%)	色氨酸(%)	钙(%)	有效磷(%)
玉米,二级	55.00	7.41	4.29	0.13	0.17	0.03	0.01	0.07
小麦,二级	10.00	1.27	1.89	0.03	0.05	0.02	0.02	0.01
合 计	65.00	8.68	6.18	0.16	0.22	0.05	0.03	0.08

第三步:求出35%浓缩饲料部分应提供的代谢能与养分量。从欲配水平各指标中减去两种能量饲料提供的各养分量,得到:代谢能3.23兆焦/千克、粗蛋白质12.82%、赖氨酸0.84%、蛋+胱氨酸0.52%、色氨酸0.15%、钙0.87%、有效磷0.32%。

第四步:折算成浓缩料的具体配方值。将第三步所得值均除以0.35(食盐与预混料也同样处理),得出:代谢能9.23兆焦/千克、粗蛋白质36.63%、赖氨酸2.40%、蛋+胱氨酸2.11%、色氨酸0.43%、钙2.49%、有效磷0.91%、预混料2.86%、食盐0.86%。

第五步:输入微机进行配方优化计算,或用手工方法计算。计算过程中仍须注意使某些饲料原料的用量在配成全价饲料时在适宜用量范围内。表4-6为用试差法算出的配方。

表 4-6 0～8 周龄蛋用生长雏鸡用 35%浓缩饲料配方

饲料	配比 (%)	代谢能 (兆焦/千克)	粗蛋白质 (%)	赖氨酸 (%)	蛋+胱氨酸 (%)	色氨酸 (%)	钙 (%)	有效磷 (%)
大豆粕,二级	54.70	5.38	24.07	1.46	0.71	0.35	0.18	0.10
棉籽粕,二级	14.00	1.19	6.09	0.28	0.18	0.07	0.04	0.05
菜籽饼,二级	16.00	1.31	5.71	0.21	0.23	0.07	0.08	0.05
菜籽油	3.00	1.16	—	—	—	—	—	—
磷酸氢钙	4.00	—	—	—	—	—	0.93	0.72
石灰石粉	3.50	—	—	—	—	—	1.25	—
赖氨酸盐酸盐	60	0.11	0.58	0.48	—	—	—	—
DL-蛋氨酸	0.40	0.08	0.24	—	0.40	—	—	—
1%预混料	2.90	—	—	—	—	—	—	—
食 盐	0.90	—	—	—	—	—	—	—
合 计	100.00	9.23	36.69	2.43	1.52	0.49	2.50	0.92
欲配水平		9.23	36.63	2.40	1.49	0.43	2.49	0.91
差 距		0.00	+0.06	+0.03	+0.03	+0.06	+0.01	+0.01

在以上两个浓缩料配方计算示例中,均未考虑所用1%预混料中载体(占50%～80%)所含养分。如果用1%预混料配20%的浓缩料,该预混料的配比为5%,其中载体为2.5%～4%,对配方营养水平的影响是不可忽视的;在设计配方时应将载体中代谢能与各养分计入。

3. 用设定浓缩料的营养水平配料 如对蛋用雏鸡,可按需要量最高的0～8周龄的营养水平配出通用型浓缩饲料,将此浓缩料作为一种原料进行优化设计,或给出蛋鸡生长期各阶段的配比建议。

以上介绍的是配比较高的浓缩饲料配方的设计,均包含了全部蛋白质饲料，用户只需用自产的或从当地采购的能量饲料与之混合，即成为（或接近）全价配合饲料。如果浓缩饲料配比较小，就不能包括全部蛋白质饲料，除能量饲料外，用户还须按建议混入一定量的蛋白质饲料；在产蛋鸡，可能还须加入一定比例的石灰石粉等矿物质饲料。从方便与使用效果而言，配比较高的浓缩饲料可能较好，配合饲料厂把握了更多的质量性状，用户也不必准备多种原料；但会增加运输量与运输费用。

（二）鸡浓缩饲料的配制与混合

由表 4-1 可见，浓缩饲料配料与混合的要求不及预混料高。在配制浓缩饲料时，微量添加部分多采用预混料，其他组分的配比均相对较高，对称量精度的要求相应低一些，但仍须保证用规定精度的秤，并称量准确。在浓缩料配制过程中须加抗氧化剂，若贮藏时间长，还须加防霉剂；有关添加量及注意事项，请参考专门介绍配合饲料生产的书籍。浓缩料的混合亦应用混合效率较高的混合机进行，要求有良好的混合均匀度。

（三）鸡浓缩饲料的包装与贮藏

有内衬的塑料编织袋可基本满足防潮及粉尘跑漏的需要。浓缩饲料均为粉状，易吸潮致微生物和害虫繁殖；其导热性差，会使维生素因受热、氧化而降低活性。故这类饲料不宜久藏。

五、鸡全价饲料的配制

用户用购买的浓缩饲料配制全价（或近似全价）饲料是最为简便而有效的，只要按说明书中给出的比例加入能量饲料及其他饲料，充分混合后即可饲喂。有混合机并按要求进行混合时，配出的全价饲料均匀度较为理想；即使无混合机时，人工充分混合也能使其近似于全价饲料。

如果用户要完全用饲料原料配制全价饲料，则首先要设计饲料配方，关于设计配方的方法请参考本书第三章。确定饲粮配方只是饲料科学配制的第一步，还必须有优质的饲料原料，并借助配合饲料机械设备，通过准确计量、执行正确的加料顺序与混合等工艺过程，才能配制出与配方一致的、符合畜禽要求的全价饲料。关于鸡饲养中常用饲料原料的质量要求，已在第三章中阐述。此外，还必须保证饲料原料符合国家公布的饲料卫生标准。购买饲料原料时，首先应进行感官鉴定，而后采集有代表性的样品，检测其有效成分及有害物质的含量。在设计配方时最好采用实际测定的数据，这样配出的饲料与配方设计的营养水平不会相差太远；通过对成品料抽样检测，也便于掌握成品饲料出厂的质量。通常，大、中型饲料企业设有饲料质量检测机构，有完备的质量管理方法；小型饲料企业和养殖户常不具备检测条件，可按规定方法采集样品，送有关部门检测。

就养鸡户和一般养鸡专业户而言，饲养规模有限，所消耗的饲料量相对较少，采用的饲料加工机组较小，配套的厂房和辅助设备也较少或较简陋，饲料配合的一些工序靠人工完成，一时的疏忽可能造成失误，影响成品饲料的质量。而先进的大型饲料机组由电脑控制整个生产流程，饲料成品的质量有保证。下面介绍大型饲料厂的饲料加工设备和加工工艺，以便养鸡户与专业户对饲料配合各环节的重要性与要求有全面了解，更好地把握饲料配制过程。

（一）清理工序及设备

主要是清理混杂在谷物类原料及其加工副产品中的绳索、布片、石块、金属等杂物，以免对畜禽发生有害作用和影响设备安全运转。饲料加工厂的原料清理是通过筛选和磁选设备（如永磁滚筒、永磁筒等）完成。清理工序可以采用两种方式，一种是原料进仓前清理,另一种是原料进仓后清理。

在专业户或养鸡户用小型机组自配饲料时,这道工序常常是人工进行,必须认真、仔细,否则会损坏粉碎机械或带来其他不良后果。

(二)粉碎工序及设备

粉碎是饲料加工中最基本的工序。有些饲料原料是粒状、块状,如玉米、高粱等谷类饲料及各种饼粕类饲料,必须将它们粉碎到一定的粒度,才能与其他饲料原料和添加剂混合均匀,也便于畜禽采食与消化。有些原料本身已呈粉状或具有适宜的粒度,如小麦麸、米糠、玉米蛋白粉、鱼粉等,不必再进行粉碎。目前国内用于饲料工业的粉碎机有 4 种:销连锤片式、劲锤式、对辊式和齿爪式,其中销连锤片式(简称锤片式)饲料粉碎机应用最普遍。根据饲料厂的规模和粉碎的原料种类,可选择相应的粉碎机型。粉碎谷物原料宜选用大包角的锤片式粉碎机,饼粕原料宜用滚刀式碎饼机。在最简单的饲料机组中,粉碎工序也必须依靠粉碎机来完成。

不论机组如何,对各种饲料的粉碎粒度都有一定的要求,常因畜禽种类、年龄而有差别。肉用仔鸡前期配合料(粉料),产蛋后备鸡(前期)配合饲料(粉料),应 99%通过 2.8 毫米编织筛,不得有整粒谷物,1.4 毫米编织筛筛上物不得多于 15%。要求肉用仔鸡前期配合饲料颗粒料粒径为 1.5～2.5 毫米。肉用仔鸡中后期配合饲料(粉料),产蛋后备鸡(中期、后期)配合饲料(粉料),须 99%通过 3.35 毫米编织筛,不得有整粒谷物,1.70 毫米编织筛筛上物不得多于 15%,肉用仔鸡中后期配合饲料颗粒粒径要求为 3.2～4.5 毫米,制粒前的粉碎粒度与粉料相同。产蛋鸡配合饲料须全部通过 4.00 毫米编织筛,不得有整粒谷物,2.00 毫米编织筛筛上物不得多于 15%。

(三)配料工序及设备

配料是按照饲料配方的要求,对多种不同饲料原料进行准确称量的过程。若配料不准,将不可弥补地影响饲料产品的质量。配料装置按其工作原理可分为重量式(机械杠杆式配料秤、光学自动秤和电子秤等)和容积式(牵引式、转动式和振动式)2种。配料秤是重量式配料的关键设备,因其称量准确,配料方便,目前大型饲料加工厂均采用。容量式配料是一种连续配料工艺,通过控制单位时间内进料的容量来计量。由于不同饲料原料的容重不等,物流流动极不稳定,配料误差较大。

在小型饲料机组,可能不带配料装置,由人工进行计量。在一些机组中大份额的饲料原料由配料装置计量,但微量的添加剂由人工称量后加到混合机中。这种情况下要特别注意计量的准确性,一是要有相应灵敏度要求的秤,二是操作者一定要认真细致。有些养殖户不用秤(或没有秤),而是用容器量取大量饲料,大体估计添加剂的添加量。这样配制出的饲料成品可能与配方计算值相差较远,饲喂效果不会很理想。

(四)混合工序与设备

混合是将按配方配好的各种饲料原料混合均匀,保证饲料产品中不同原料与不同营养成分(特别是饲料添加剂等微量或超微量成分)分布均匀、质量稳定的关键环节。在全价配合饲料中,一些微量元素与维生素添加量极少,如1吨全价料中亚硒酸钠和碘酸钾添加量均在1克以下,要使它们均匀地分布在整个饲料中,必须对其精确称量、粉碎到规定的细度,并进行预混合,而后再添加到全价配合料中,并用混合机进行强力搅拌,才能达到均匀分布的要求。混合机械有分批立式混合机和分批卧式混合机、连续式混合机。一般认为分批卧式混合机的混合效果较好。目前,配合饲料加工厂混合畜禽饲料的混合机，一般是卧式螺带混合机，其混合均匀度(以变异系数表示)可达 6%～12%(我国国家标准要求成品饲料的混合均匀度为:变异系数不大于 10%)。

最简单的小型机组也是由混合机来完成此道工序。各种饲料原料由人工计量后加入混合机，按规定的混合时间混合均匀后，即成成品料。但一些养鸡数很少的养鸡户可能没有饲料机组，只有粉碎机，采用人工计量、人工混合。人工混合很难将那些用量极少的微量成分混合均匀，应将添加剂预混料先加到少量饲料中充分预混合，再将其加入大量饲料中反复搅拌，能相对提高混合效果。

(五)成品包装工序及设备

有手工包装和机械包装 2 种。机械包装包括自动秤(称量成品饲料)、灌装设备(自动装袋)、输送机构和缝包机构。在简单的小型机组，这道工序可人工完成。

配合饲料工艺的正常运转还需要其他一些辅助设备。除尘设备是为降低饲料粉尘浓度，使其达到环保要求的设备，包括吸尘装置与除尘装置。贮存设备是指接收原料的原料仓、存放成品饲料的成品仓和配料过程中贮存各种原料的配料仓。在大、中型机组，从原料接收到成品出库的整个生产过程，还须依靠输送设备将物料从一道工序运送到下一道工序。在小型机组，物料的传送大都由人工完成;除尘与贮存设备也比较简单。

第五章　鸡饲料的质量控制与卫生安全保障

喂给动物的饲料，须能满足其对各种养分的需求，能增进健康，充分发挥其生产潜力，产出的产品质优、味美，不对人体健康造成隐患，且有利于环境保护。一个饲料厂，要从原料购入与贮藏、配方设计、饲料设备与配制工艺、成品出厂与售后服务等各个环节，进行饲料质量与安全控制；而饲料消费者（养殖场、户）消费饲料的过程，也存在影响饲料质量与安全的因素。

一、鸡饲料的质量控制

（一）饲料厂饲料质量管理与控制

大、中型饲料厂均把饲料质量管理视作生产经营的重要环节，建立了一套完整的饲料质量管理体系；各级领导、技术人员、工人都对饲料质量负责，确保自身岗位对产品质量不形成损害；专设的质量管理部门负责统筹与协调质量管理，对从原料进厂到成品出厂的全过程进行质量监控，预防产出不合格产品，使出厂成品均达到规定的标准；通过售后服务，力求使产品能正确、合理地被应用，并及时反馈用户的意见，以便进一步提高产品质量。

1. 饲料原料质量的控制　饲料原料的质量在很大程度上决定成品的质量，有人认为其影响程度占90%。应由有经验、富责任心的人担任采购员，通过有信誉的渠道、厂或推销商购买。饲料原料运抵后，立即由质检人员进行感官鉴定，观察水分、色泽、气味、发霉、虫蚀、结块、混入杂质等。感官检验符合饲料原料的质量标准（见本书第二章），质检部门（人员）签发外观检验合格单，并按正规取样方法采集有代表性的样品后才能进入原料库(有些厂采样后快速测定原料水分,确定水分含量达标后再入库)。入库前,应将库房清理干净,防止入库后污染、变质。

对入库的饲料原料样品,质量管理部门须迅速测定其主要营养成分(粗蛋白质、粗纤维、钠等)及有毒、有害成分(对诸如菜籽饼粕、棉籽饼粕、花生饼粕等含有毒、有害成分的原料)的含量,作为配方师设计与优化饲料配方的依据。

2. 饲料生产过程的质量控制 配合饲料生产是由技术人员与工人操纵一系列饲料加工设备与机械,实施优化的配合饲料工艺,按给定饲料配方,将合格的原料加工成营养水平、粒度、混合均匀度、包装等均符合要求的饲料成品的过程。必须使各岗位的工作人员训练有素、责任心强、明确自身职责与重要性,认真监控与维护所操纵的机械设备正常运行,并严格执行操作规程,确保每一道工序均符合要求。

通过定期检验、维修、保养,使各设备均保持正常的技术指标。根据加工设备的性能,拟定出最佳配合饲料工艺,并据此定出各道工序的操作规程与操作人员的岗位责任,并严格执行。

(1)投料过程的质量控制 投料人员必须按控制人员的指令投料,保证投料准确;投料过程中应监控原料质量,杜绝不合格原料被投入。若仓中原料有发霉、变质、结块现象,应停用并放出,彻底清理后再放入新的原料。若更换仓中原料种类,须将原来的原料放净,确认无残留后再放入另一种原料。

(2)粉碎与输送过程的质量控制 操作人员应经常观察粉碎机的粉碎能力和排出的物料粒度。若粉碎机超出常规的粉碎能力(速度过快或粉碎机电流过小),或发现排出的物料中有整粒谷物或粒度过粗,应停机检查筛网有无漏洞,或筛网错位与其侧板间形成漏缝,并及时修理。若粉碎机积热,可能是堵料之故。应针对具体情况,及时排除故障。

(3)称量系统的质量控制　现时绝大多数用称重法计量,全部进料后一次混合。人工称料配料,要求操作人员有很强的责任心和质量意识。磅秤或其他称量工具应合格、有效,每周技术人员应将磅秤校准与保养一次,每年至少由标准计量部门检验一次。称前把秤周围打扫干净,称后把散落在秤上与秤周围的物料全部倒入搅拌机。大型饲料厂一般采用自动称量系统,最常用的是电子秤,其灵敏度高、称量速度快。由于秤斗悬挂于传感器下,须定期检查其悬挂的自由程度,避免因机械性卡住而影响称量精度。应随时清除秤体上的灰尘,并严禁在秤体上放置物品或人为撞动电子秤体,确保称量精度。对电子秤的检验要求同磅秤。

微量系统称料时,要求用灵敏度高的秤或天平,亦至少应每月校准其准确性与灵敏度一次。手工配料时,应使用不锈钢铲取原料,专料专用,防止微量原料间相互污染。

(4)配料搅拌过程的质量控制　为获得良好的配料效果,应从以下几方面进行控制。

①原料的添加顺序:应按配料比例从大到小的顺序往搅拌机加入原料,先加入大量的原料,量越少的原料(如维生素、微量元素和药物预混料)越应在后面添加。且应在加入量大的原料,并混合一段时间后再加入微量成分。有的饲料中需要加油、水或其他液体原料。应在加入所有干原料并混合均匀后,经搅拌机上部的喷嘴喷洒,让液体原料以雾状喷入搅拌机中,使液体原料在饲料中分布均匀。有时须添加潮湿原料,应在最后添加,以免因饲料结块使混合均匀的难度加大。

②搅拌机的混合均匀度:混合均匀度是指搅拌机搅拌饲料达到的均匀程度,一般用变异系数表示。变异系数越小,说明饲料搅拌得越均匀;反之,则饲料搅拌得越不均匀。一般生产成品饲料(即猪、鸡全价饲料及牛、羊平衡用混合料等)时,要求变异系数不大于10%,对预混合饲料应不大于5%。测定混合均匀度的方法

有目测法与实验室测定法，两种方法均须在成品出口处抽取 10 个有代表性的样品。目测法将采出的样品置于光线明亮处用肉眼观察，看不同抽样间在色泽和原料组成上是否有差异；若观察出有差异，可增加搅拌时间半分钟，重复取样观察，直到观察不出差异为止。目测法易操作，但不够准确。有条件的厂，可将从成品出口处所取 10 个样本分别混匀，按四分法（将所采的样混匀后，在洁净的纸或塑料布上摊成圆形或方形，从其中部划十字使分成相等的四部分；取任意对角两部分，按上述方法再混匀、划分、取舍，至缩减为规定的送样量）缩分后送至化验室测定。测定方法是：选饲料中不含或含量很少、且不与饲料中成分发生反应的物质作为指示剂（如饲料中存在的食盐，或外加的甲基紫，粒度要求 100%通过 150 目标准筛），按规定的方法测定 10 个样本中的指示剂含量，而后计算出变异系数（CV）。

③搅拌时间的确定：搅拌时间应以搅拌均匀为限。最佳搅拌时间是混合均匀度最高（变异系数最小）时，所需要的最短搅拌时间；决定于搅拌机类型（卧式或立式）和原料的性质（粒度、形状、形态及容重）。可以一定搅拌间隔取样、测定均匀度，来确定最佳搅拌时间。一般卧式搅拌机的搅拌时间为 3～7 分钟，立式搅拌机为 8～15 分钟。

④配料搅拌过程须注意事项：生产加药饲料，按加药类型，先生产药物含量高的饲料，再依次生产药物含量低的饲料。生产加药猪饲料后，只能生产另一种猪饲料。生产一种加药鸡饲料后只能生产另一种鸡饲料或猪饲料。生产加药肉牛饲料后，只能生产另一种肉牛饲料。不应在生产一种加药饲料后，生产不加药的奶牛饲料（防药物残留）。卧式搅拌机装入饲料最大量应不高于螺带高度，最小装入量应不低于搅拌机主轴以上 10 厘米高度。立式搅拌机残留料量较多，易混料；更换配方时，应将内中残留饲料清理干净。

(5)制粒过程的质量控制　如前述,制粒前须对制粒机进行检查与维护。猪、鸡饲料淀粉含量高而粗纤维含量低,为提高饲料的制粒性能和颗粒质量,须用热和蒸汽软化原料(调质);应掌握好调质时间、温度、饲料粉碎粒度与含水量,调整好压辊与环模的距离等。

(6)包装与仓贮过程的质量控制　严格按操作规程进行包装与仓贮,也是饲料质量控制的重要环节。

①包装饲料的质量控制:包装前应对下述内容进行质量检查:被包装饲料和包装袋、标签是否正确无误;包装秤的工作是否正常;包装秤设定的重量与要求是否一致。包装过程的质量控制包括:包装饲料的重量误差应在规定范围之内(1%～2%);缝包人员要保证缝包质量等。

②散装饲料的质量控制:在装入运料车前检查饲料的外观;定期检查卡车地磅的称量精度;检查从成品仓到运料车间的所有分配器、输送设备和闸门的工作是否正常;检查运料车是否有残留饲料,防止不同饲料产品间相互污染。

③成品饲料仓贮过程中应注意事项:应将成品饲料分批码放整齐,按入库先后顺序出库。不同料垛间要预留出足够的距离,防止混料或发错料。及时清理因破袋而散落的饲料,经常检查库房顶部与窗户有无漏雨。定期清理成品库,及时处理变质与过期饲料。

(二)养殖场(户)须正确购买、贮藏与使用饲料产品

按优化的饲粮配方,以正确的工艺配合好的全价饲料与浓缩料具有良好的质量,但还须"优质优用";若使用方法不当,可能降低其质量,甚至使之完全丧失利用价值。欲达到预期的要求,一方面是通过合理购买、妥善贮存,保证饲喂时饲料的质量未发生明显变化,符合鸡的需要;另一方面,要采用正确的饲养管理方法,使每

一只鸡每一顿都能采食到所需营养物质的数量与质量。

1. 保证饲料质量的措施

(1)合理购买、配制与使用全价配合饲料　一些小型养殖户与农户,饲养的鸡数不很多,以购买和使用饲料加工厂生产的全价料,或自配的近似全价配合饲料为主。在选购与使用全价料时应注意以下几个方面。

①选购质优价廉的产品:现时各地销售的全价料品牌繁多,价位各异,推销商或代理商采用各种营销手段宣传与推销其产品,使购买者难分良莠。在此情况下,购买者应先调查了解和进行比较。可以听推销人员介绍,看饲料产品说明书、饲料标签,目测饲料产品的色泽、粒度、气味等,向用过此产品的养殖户了解饲喂效果更为重要。也可先购买少量进行试用,根据实际效果做出选择。一般说,经营多年的大型饲料企业技术力量雄厚,设备条件较好,饲料配方和生产工艺经过多年的完善、改进,产品质量比较稳定,售后服务较好,但产品价位可能较高些。与之相比,有些中、小型饲料厂条件较差,技术含量相对较低,其产品价位也较低。但不乏有少数经营好的小饲料厂生产出的产品,既有较高的质量,价位也低于大型饲料企业。

②按鸡的类型及其生理阶段选购全价料:如前所说,蛋鸡的全价料有一个系列,即育雏料、中雏料、大雏料,产蛋期料(可能再细分成产蛋前期料与产蛋后期料);肉仔鸡的全价饲料有育雏料和生长与肥育料。应当按所养鸡的类型和其生理阶段选用相应的全价饲料。同一类型鸡的各种全价料都是按相应阶段的营养需要配制的,能较好地满足该阶段鸡的需要,但不适合其他生理阶段,更不适合不同类型的鸡种。以蛋鸡为例,如果将营养水平较低的大雏料用于饲喂育雏阶段的蛋鸡雏,会因营养供应不足而影响生长发育;相反,若将育雏期料饲喂大雏阶段的蛋鸡,会使育成体重超标,体成熟与性成熟不能同步进行,使提前开产、产小蛋,产蛋期产蛋

持续性不佳。若将产蛋期料用于育雏育成期，问题更严重。产蛋期料中含钙量是育雏育成期的3～4倍，使用含过高钙的饲料饲喂育雏育成期鸡，会显著降低采食量，影响多种矿物质元素的吸收利用，抑制体内调节钙吸收利用的反馈机制的发育，还会损伤鸡的肾脏，对产蛋期产生不良的影响。就蛋鸡而论，通常是育雏料和产蛋料价格较高，大雏料价格较低。绝不能为省钱而选用价格低的料，如大雏料，去饲喂其他生理阶段的蛋用鸡。

③按需要量采购（或自配）：虽然饲料加工厂在生产全价料时添加了一定量的抗氧化剂、防霉剂等，可使饲料的质量相对稳定，但饲料出厂后，随着时间的推移，其养分含量仍在发生变化。特别是添加的某些维生素，其效价会在短期内明显下降。故采用全价料最好随买随喂，购买时还须注意其生产日期，应买最近出厂的产品。在自配近似全价料时往往不添加抗氧化剂，饲料的稳定性则不及购买的饲料，也不宜一次配大量饲料，长期贮藏。但常常仍需有少量的贮备，使在一个短时期内所喂饲料相对稳定，也便于生产管理。一些大型的养鸡场养殖的鸡数量大，有自己的饲料车间，可有计划地供料，有的每3天或每周给每栋鸡舍送一次料，也即每批料在3～7天内即消耗完毕。但靠外购的中、小型鸡场或养鸡户较难达到此要求，可能购入时该料出场已数日或更长时间，从产出到饲喂完的期限较长，故采购的每批料不能过多。应将购入的饲料按批堆放，按采购的时间顺序饲用，避免将早采购的料压入堆底而使其贮存时间过长。

④切忌在全价饲料中混入其他饲料：有的养殖户认为全价料价格高，为了降低饲料成本，便向其中盲目掺入价格较低的饲料原料（如糠、麸等）后，再用于喂鸡。这样做破坏了全价料具有的营养平衡性，降低了饲料的营养浓度，故饲喂效果下降；其由降低饲料成本获利不能抵消鸡生长速度或产蛋量降低的损失，因小失大，经济上反而不利。也有些养殖户为提高蛋鸡产蛋率，高峰期时在全

价料中再加入大豆粕等蛋白质饲料。此举同样破坏了饲料的全价性，降低饲料转化效率；饲料中过多的蛋白质不能被鸡利用，增加了鸡体代谢与排出过量氮的负担；从粪便中排出的氮量增多，对环境造成严重污染。

（2）用市售浓缩饲料配制全价料要按说明进行　用市售浓缩饲料配制全价料，操作最简便，也不需要复杂的设备。许多大、中型饲料企业生产蛋用鸡和肉用鸡的系列浓缩饲料产品，是按营养需要计算出的配方，以先进的生产工艺生产的，所用的维生素等添加剂都是最近出厂的，其品质有保证。在使用浓缩饲料时，亦应按所喂鸡的类型和生理阶段选用相应的浓缩饲料，并须按产品说明给出的比例添加能量饲料，而后将其充分混合成全价饲料。切不可自行确定混合比例，否则不能配制出符合需要的全价饲料，也可能因此带来其他不良后果。

（3）饲料原料和成品料的贮存与保质

①贮存期间的变化：在贮藏期间，饲料原料的品质会发生变化，造成养分损失和营养价值降低，若发生严重霉变则大大降低或完全丧失饲用价值。如玉米，随贮存期延长，其品质相应变差，特别是胡萝卜素、维生素 E 和色素含量下降，有效能值降低；若孳生霉菌，品质会进一步恶化。又如，米糠是有效能值最高的糠麸类饲料，新鲜米糠的适口性较好；但其含脂肪高，且主要是不饱和脂肪酸，容易发生氧化酸败和水解酸败，易发热和霉变。通常在碾压后放置 4 周即有 60%的油脂变质。变质的米糠适口性变差，易引起动物腹泻，甚至死亡。饲料原料贮藏过程中还常发生虫蚀、鸟害与鼠害，造成数量与质量下降。

饲料添加剂，特别是某些维生素添加剂，贮藏期间其效价会逐渐下降。特别是在不适宜条件下贮藏时，会增大其效价下降的速度。

②对各种饲料原料贮存的要求：不同种类原料的贮藏要求有

差异，不应将要求不同的原料贮藏在同一库房内。

子实及加工副产品饲料的贮藏：子实饲料在贮藏期中继续进行呼吸作用，营养物质被分解为水和二氧化碳，同时放出热量。籽实中水分含量高，贮藏温度升高及通气良好，都会使呼吸作用增强，加大营养物质损失。呼吸作用不仅消耗营养物质，且因释放出水分和热量，容易产生霉变、生虫。饼粕、糠麸及其他粉状饲料原料，虽不进行呼吸作用，但在本身水分含量、贮藏温度与湿度高时，也易霉变、生虫，脂肪含量高的原料还易发生脂肪氧化酸败等。应尽量降低贮料温度和水分，在低温干燥条件下，控制微生物和害虫的活性，以保证安全贮存。同时，应采取相应的防鼠害、虫害措施。

贮藏添加剂预混料或成品饲料的要求：添加剂预混料对不适当贮藏条件的反应更敏感。添加剂在饲料中所占比例小，若因贮藏或使用方法欠佳而失去活性，对配合饲料的全价性影响很大。如前述，应将其贮存在干燥、低温、光线暗（特别要避免阳光直射）的房舍内，同时注意环境的 pH 值适宜。即就是贮存条件适宜，添加剂预混料的贮藏时间亦宜短。正常情况下，某些维生素每月损失量达 5%～10%，故各种维生素添加剂产品的贮存期不应超过 6 个月。

许多矿物盐能促使维生素起分解作用。市售浓缩饲料、全价料和复合添加剂预混料，均含有这两类添加剂，虽然在加工过程中可能采用了保护措施，仍难免此种不良影响，亦应注意贮存期与贮存条件。

2. 使每只鸡获得平衡营养的饲养管理方法 尽管饲料厂采取了各种措施，保证了出厂饲料产品的品质，但在运输、饲喂过程中的多种因素，仍可影响饲料品质及其全价性。例如，某饲料厂蛋鸡配合饲料成品的机下变异系数为 4.5%；经装麻袋、拖拉机运输 25 千米，到达饲养场后测定的变异系数为 8.15%；倒入饲槽，鸡吃一半后再测定，变异系数增至18.1%。这提示我们，从饲料产出到饲用过程的各个环节，都必须控制饲料质量。应尽可能减少饲料装袋、运输过程中的分级现象，装袋时落差尽量小，码垛、装车、卸车均应轻拿轻放，应选择良好的交通工具与道路。配合饲料的饲喂效果，除本身的全价性、平衡性、适口性及加工质量外，相当程度上还取决于饲喂技巧。以下重点讨论保证每只鸡采食饲料质量的饲养管理措施。

(1)饲养密度与槽位须合理　饲养密度(单位面积饲养的鸡数)合理和槽位(每只鸡占有的饲槽长度)充足，使鸡群中所有个体同时采食，有利于获得平衡的营养，使鸡群整体正常生长发育，培育出均匀一致(整齐度高)的高产鸡群。鸡具有争斗性，鸡群中经啄斗较量而自然形成群序。当密度过大、槽位不足时，啄斗顺序在前的强者就优先采食，而弱者一般随后采食(或在争食时被体重大、体格健壮的鸡挤出食槽)。鸡有挑食的习性，喜食黄色的颗粒，故强者采食的能量饲料(玉米)较多，采食的其他养分必然较少；而留给随后采食的弱者的饲料中能量饲料比例减少，它们不得较多地采食饲料的粉状部分，因而获取的蛋白质、维生素等营养素较多(配合饲料中添加的氨基酸、各种维生素和微量元素多呈粉状)。可见，在饲养密度与槽位不合理时，无论强者或弱者，获取的营养都是不平衡的。

蛋用型鸡不同饲养方式下的适宜密度见表5-1。蛋用型鸡每只需饲槽宽度为：1～4周龄2.5厘米，5～10周龄5厘米，11～20周龄7.5～10厘米。饮水槽位宽度2.5厘米/只。用真空饮水器(1～3升，直径160～200毫米)，每个可供70～100只雏鸡饮水用，也可用普拉松饮水器。

表 5-1　蛋用型鸡育成期的饲养密度　(只/米²)

地面平养		网上平养		立体笼养	
周　龄	只　数	周　龄	只　数	周　龄	只　数
0～6	13～15	0～6	13～15	1～2	60
7～12	10	7～18	8～10	3～4	40
12～20	8～9			5～7	34
				8～11	24
				12～20	14

肉用种公、母鸡分群饲养时，其密度为 4.3 只/平方米，混养为 7.2 只/平方米，槽位为 15 厘米/只。不同饲养方式下，肉鸡的饲养密度可参考表 5-2。

表 5-2　肉用仔鸡的饲养密度　(只/米²)

周　龄	育雏室(平养)	肥育鸡舍(平养)	多层笼养	技术措施
0～2	40～75		60～50	强弱分群
3～5	20～18		42～34	公母分群
6～8	15～10	12～10	30～24	大小分群

槽位是影响饲喂效果的主要因素之一，条件允许时，设置的槽位长度最好比一般资料介绍的略宽一些。禽类均有占地行为，它第一次或最初几次在哪里采食、饮水、栖息、产蛋等，以后多愿意呆在它熟悉的地方。据此，开食时应有足够槽位供雏鸡采食。在投料时，应有意识地扩大投料的范围，使雏鸡一开始采食时就分布较为均匀。饲养肉仔鸡更应注意槽位充足，因其生长发育特别快，加之肉鸡比蛋鸡贪懒，不好动，槽位不足更容易使其挤在一起采食，不仅造成生长发育不整齐，降低商品合格率，而且浪费饲料，加大

饲养成本。

(2)饲喂时间、次数　须视鸡的采食习性与消化解剖生理特点等确定。公、母鸡对营养物质需要的差别，导致其采食习性有所不同。与母鸡相比，公鸡需要的钙较少，而需要的蛋白质和微量元素较多；与同龄小母鸡相比，小公鸡吃料约多1倍，吃料速度快2倍，增重快1/5左右。肉鸡和蛋鸡的同龄小公鸡相比，前者比后者吃料多，吃料速度快。肉用雏鸡整个白天均匀地采食，蛋用雏鸡则喜欢在早晚吃料(开灯后第一顿喂料时，雏鸡食欲最好，采食量最多，晚上关灯前最后一顿喂饲时，雏鸡的食欲也较上午和下午高)。随着年龄增长，肉鸡和蛋鸡都是早晚吃料多。

①开食与饲喂时间：人工育雏时，应在初生雏(刚孵出的小鸡)孵出后36小时开食(喂第一顿料)。过早开食时，初生雏不能站立，也不会采食，且肌胃的消化能力弱；但过晚开食，会因雏鸡损失水分过多，体质变弱，影响生长发育，甚至脱水而死亡。农村习惯用经开水浸泡或煮熟的小米作为开食料喂雏鸡，其效果是不好的；小米的营养不完善，加之浸泡或煮熟后含水过多，雏鸡摄入的干物质也不够，不能满足其生长发育的需要；若小米发霉、腐败，还会引起雏鸡拉稀与消化不良等。最好是开食时就喂干粉料，为便于雏鸡尽快学会采食，可在配合料中加入10%的生小米进行开食，待部分雏鸡会采食后即可全部饲喂配合饲料；当按上述时间开食时，即使用配合饲料干粉料开食，雏鸡也会很快学会采食。

在规模化饲养的鸡场，一定要将每天开始喂料与结束喂料的时间固定下来，饲喂时间要安排在鸡食欲最旺盛的时段内。俗话说"饥不择食"，这时投料鸡群会采食得最好，不挑食，浪费少。鸡属于鸟类，有天明就寻找食物的天性，故每天第一顿饲喂的时间宜早不宜迟。一般鸡场在早晨7时开灯后喂食。喂食过晚，会影响上午产蛋母鸡采食；开灯后2～3小时已有接近40%的母鸡正准备或已经产蛋，产蛋前母鸡情绪不安，会影响其采食量。每天下午

2～3时鸡群产蛋率已占当天产蛋数的80%左右，母鸡产蛋后约2小时是第二个食欲旺盛期，故一般鸡场第二顿喂料是安排在下午3时或3时以后（蛋鸡1天投料2次）。饲喂时间一旦确定后，不能轻易变动，否则会影响生长或生产。

②饲喂次数：应依鸡的类型、年龄等确定每天的饲喂次数。

雏鸡的饲喂次数：雏鸡胃容积小，若饲喂次数过少，会因摄取的营养不够而影响生长发育及健康。1～3日龄雏鸡可日喂6～8次，以便其更快、更好地熟悉环境，尽快学会饮水和采食；饲喂次数宜多，除与雏鸡胃容积小外，还因雏鸡像婴儿一样，啄食一会儿就站立于雏鸡群中打瞌睡。增加饲喂次数，也增加了饲养员在鸡舍走动，会促进雏鸡的食欲和采食，提高采食的整齐度，使雏鸡尽可能同步生长。3日龄时绝大多数雏鸡已学会吃食，日饲喂次数可改为6次；每次饲喂间隔宜相等。6周龄后，可逐渐减少至日喂4次或2次（大雏阶段）。

成年鸡的饲喂次数：一般早、晚各喂1次。当鸡群处于高峰期产蛋率很高时，有的鸡场采取日喂3次，但应注意早、晚投料量应多于中午。喂成年鸡的次数若过多，如把每天2次的喂量分4次喂，鸡经常处于半饥饿状态，会加剧投料时争抢与采食不均衡现象，进食的营养不平衡，造成个体间增重差异增大，对日后产蛋是极为不利的；若槽位不够，就更加剧了强鸡与弱鸡之间的争抢。同时，饲喂多次时，不可避免投料散落在槽外的料增多。

（3）饲喂量　任何类型的鸡，其消耗的饲料量都是相对稳定的。饲喂量系指每天给每只鸡或每群鸡应该喂的配合饲料量，也即每天的投料量。但饲喂量并不完全等于鸡的采食量（进食量）。当投料多时，鸡吃不完，饲槽中会有剩余的料，而投料过少时，鸡很快将饲料吃光，槽中无剩余料。投料过多、过少，饲喂效果都不好；过少，鸡群不够吃；过多，则鸡群吃不好。从饲喂效果和生理卫生角度讲，任何动物都不宜吃得过饱，鸡也不例外；不少著名的养鸡专家都主张喂鸡七八成饱为好。因此，有效地控制饲喂量，使鸡群够吃（而不是吃饱）是饲养技术的一条重要原则。可参考本书第一章给出的各类型鸡的参考喂量，或每个鸡种饲养管理指南中所建议的饲喂量，按照鸡群的日龄，并考虑鸡舍温度、采食状况、鸡生长的速度、体重大小和健康状况等，来确定每日的投料量。可依据以下几方面来判断投料量是否适宜：若喂料后很快吃完，鸡仍到处寻食，鸡的嗉囊中贮存的饲料很少或无饲料（鸡饥饿时，饲料在嗉囊中停留时间极短），就说明饲喂量过少，应酌情增加饲喂量；反之，则应减少饲喂量（一般第二天的投料量是依据前一天的投料与采食情况，关灯前1～2小时鸡已将料吃光，说明投料量适宜；有剩余则视为投料过多）。在生产实践中细心观察，注意积累经验，掌握好增料与减料的规律，确定好每日的饲喂量，是养好鸡并降低饲料消耗的诀窍之一。

这里以迪卡产蛋母鸡饲喂量的增减作为示例。按该鸡种饲养管理指南给出的参考喂量，22周龄迪卡母鸡每只日耗料为104克，到24周龄跃升至120克，至28周龄上升为128克（此期间增幅为0.5～2克/天不等。有时每天，或每2天，或是每3天，每只鸡增加0.5克、1克、1.5克或2克不等。但不是每天都增加，一般1周内调整饲喂量2～3次。调整一次后，要在2～3天内观察此添加量是否适合和有效，并依此决定下一步的调整措施）。这时正值开产到产蛋高峰期阶段，母鸡准备开产到产蛋率迅速上升需要较多的营养；除产蛋率升高外，随日龄增长，蛋重和体重都在增加，也要消耗养分。因此，此期间饲喂量上升幅度就大。32周龄以后，母鸡体重和产蛋率增加甚微，故饲喂量稍有下降。40周龄后，高峰期已过，产蛋率逐渐降低，饲喂量也是相对较低，只有122克/天。可见，产蛋母鸡饲喂量的增、减，很大程度上受产蛋率、蛋重、体重和环境温度的影响。

肉用仔鸡增重非常迅速，喂料量的增加速度与幅度也大。但各品种或品系肉用仔鸡的生长速度、体重有差异，所需养分量和采食量亦随之不同。最好参考相应鸡种饲养管理指南建议的参考喂量，并视肉仔鸡采食、增重、粪便与健康状况等，确定适宜的投料量。肉仔鸡过食的情况较为突出，笔者曾在一批肉仔鸡饲养中观察到，6 周龄阶段有一日误加料达 40～50 克/只时，粪便中排出大量饲料颗粒，导致严重的饲料浪费。

为防止鸡过食，应对不同类型、不同年龄的鸡采取严格的定量饲喂，即限制饲养。其目的为：一是节约饲料，降低成本，增加收益。饲料占养鸡成本的 65%～70%，在散养户或小规模饲养户可能会高于 70%。每只鸡一天节约一点点饲料，积少成多，经济效益也是可观的；二是防止鸡过肥，人为控制鸡的生长速度，促使各器官发育趋于一致；并控制适当的体重，提高鸡群整齐度；还使开产日龄适当推迟，提高开产日龄的同期化。过肥的母鸡不仅产蛋性能差，蛋壳品质也不好(过肥对钙的吸收、代谢有所影响)。过肥的母鸡产蛋时，容易脱肛，且所需恢复时间比正常鸡要长许多；即便恢复，也容易在产蛋中、后期被淘汰或死亡。过肥的种公鸡，尤其是肉用种公鸡过肥后，不仅精液品质差，且易患腿病，影响配种效果，最终影响种蛋的受精率与孵化率。

限饲期的饲喂量比自由采食时少 5%～30%不等，即限制的强度不同。蛋鸡限饲量小于肉鸡，商品代鸡小于种鸡。限制饲养的时间，一般是在鸡体脂肪沉积较多的阶段。如蛋鸡生长发育最快的时期为 1～5 周龄，这时主要生长骨骼、内脏与肌肉，应采用优厚饲养，但也须控制每天的投料量，让鸡吃到七八成饱；育成期7～18 周龄或 20 周龄，骨骼、内脏、肌肉生长减缓，而沉积脂肪较多，投料量应控制严一些。根据各种试验结果，对轻型蛋用鸡，限饲期的限饲量宜控制在 20%～30%；重型鸡可控制在 30%～40%。

限制饲养的方法有：缩短每天给饲时间、减少饲喂量、隔日限饲法(即 2 天的料合并在 1 天饲喂，使鸡群采食均匀、生长发育较好)和综合法等。综合法一般较多应用于肉用种鸡,采用此法可减少应激。AA 肉种鸡的限食程序是:0～6 周龄每天饲喂,为自由采食;7～11 周龄为隔日饲喂;12～19 周龄是喂 2 天禁食 1 天;20～24 周龄为喂 5 天禁食 2 天(星期天和星期三禁食)。由于蛋鸡按饲粮能量浓度调节进食的能力较好,故较多采用每日每顿限量饲喂法,即将投料量控制在自由采食量的 85%左右。

影响限制饲养效果的因素很多。没有经验的养鸡户,须制定周密的限饲计划,限制强度宜低一些,适当提高饲料中维生素的添加量,可能有助于提高限饲效果。还应注意:只能对生长发育正常和健康状况好的鸡群实施限饲;限饲鸡群的饲养密度应合理,槽位应充足;限饲期始终要控制好每天、每顿的饲喂量;须监控鸡群体重,开始限饲前应抽称鸡的体重(30～50 只),限饲期每 2 周称重一次,作为调整限饲量的依据;应对限饲的鸡群采取断喙措施,以防鸡群发生啄癖带来损失。限饲时鸡可能饮大量的水,应适当限水,一般的建议是投料前后供水 0.5～1 小时,可结合实际情况酌定。

(4)投料技术　要求做到以下几点。

①顺序固定:每次投料从哪一排鸡笼开始,位置要固定下来。投料时,虽然鸡群会发出不同声音或做出抬头期盼的姿势,但习惯后它们的心理就比较平衡,并能刺激其食欲。在饲养管理中保持操作的有序性和稳定性,对促进鸡群正常生长、生产,保证鸡群稳产、高产以及减少应激都是非常重要的。对于平养的鸡群,当群大、饲养面积也大时,可采取前后两人分别投料的方式。即从后向前门投料的饲养员,由操作间向后走,这样鸡群就跟着向后;另一饲养员立即由前门开始投料,有一部分鸡又折回向前。如此可达到分散其争抢性的目的,减少因投料压伤或压死鸡只的损失,并能减少鸡群抢食造成的饲料浪费。

②投料要快:投料时饲养员的动作要快,尽量减少鸡群等待的时间,尤其是早晨第一顿投料更应如此。

③布料均匀：撒在料盘、料桶或料槽中的饲料要尽量做到多少、厚薄一致。目的是让不同位置的鸡都能采食到较均衡的饲料。

④严禁料上加料：饲养技术中最重要的一条，是保持鸡群旺盛的食欲。食欲旺盛时不仅不挑食，且鸡“心情”愉快，消化吸收就好。保持鸡群食欲并保持其采食营养平衡性的秘诀，就是不能料上加料。料上加料时，槽中整天整夜都有饲料，鸡喜欢挑食，造成营养不平衡。料上加料，不每天清槽，除易造成饲料污染或变质外，会使鸡群食欲不好。必须每天清扫食槽和回收剩余料；开放式平养鸡群尤其应坚持这样做。要有足够的空槽时间，使鸡群形成条件反射：若不好好采食，食槽会被收走，没料可吃。不喂时，将饲槽立起来，防止鸡在食槽上栖息，并定期对食槽进行消毒。当鸡群食欲不好或剩料多时，将食槽中饲料回收，不仅能提高鸡群食欲，还可以减少饲料浪费与提高饲喂效果。

(5)加强均料　均料，就是指用手或机械(链式喂料器)把料槽中的饲料弄平，其目的是使处在不同位置的鸡均能采食到相对均衡的饲料。笼养鸡位置是固定的，因为当天产蛋的母鸡吃料多，不产蛋的母鸡吃料少，故料槽中有的部位料多，有的部位料少，所以要均料。一天要花多少时间均料，才能达到提高配合饲料的利用率，促进雏鸡生长及母鸡高产的双重目的呢？有人做过统计，一位饲养员共饲养 9 600 只母鸡，用于投料的时间为 55 分钟(包括把配合料运到鸡舍的时间)，而一天中用于均料的时间为 45 分钟，足见均料的重要性。均料还有刺激与保持鸡群持有旺盛食欲的作用(每次均料，鸡误认为是添加新饲料，都要抢着啄食)。技术熟练的饲养员，是边投料边均料。

二、鸡饲料的卫生安全保障措施

广义上说，鸡饲料的卫生安全保障，也属于鸡饲料质量控制范畴之内；饲料厂配制饲料过程中清杂、防止发霉与变质饲料被投入等措施，可保证饲料质量，也有利于保障饲料卫生与安全。但在狭义上，饲料卫生安全还有其特殊的内容，国家对饲料卫生与安全有专门的法规。遵守这些法规，生产合乎卫生、安全标准的饲料，是保证鸡与其他畜禽种群健康、高效生产、产出无公害畜禽产品所必须的。

(一)保障鸡饲料卫生与安全的意义

病原菌和病毒虽然可从多种途径侵入鸡体，但“病从口入”仍然是重要的途径之一。如果饲料被有机或无机有毒、有害和致病性物质污染，或盲目添加了某些药物或其他添加物，就可能影响鸡的健康、引发疾病或致死，或残留在其肉、蛋产品中，危及人的健康与安全，或通过排泄物污染水域、土壤与大气环境。为使养鸡业健康、有效地发展，生产出安全、富营养的肉、蛋产品，并减轻养殖过程对环境的污染，给鸡饲喂的饲料必须是卫生和安全的。

(二)鸡饲料生产不安全因素的来源

鸡饲料的不安全因素，可能源自饲料原料生产，也可能在运输中被污染；饲料生产过程中不适当地添加药物或某些添加物，或未按规定安排加药与不加药饲料的生产；饲料使用过程中未遵循有关停药期规定或乱添加药物等。

1. 饲料原料生产的不安全因素 原则上，传染病疫区产出的饲料是不允许运出的，但也不能完全排除疫区饲料流出的可能性。饲料种植过程中不适当地喷洒农药，可能导致农药污染饲料原料；若饲料生产地被周边的一些工业企业排出的废水、烟尘中有害物质污染，可能会使饲料原料的重金属或某些有机有毒、有害物的含量超标。掺假掺杂是导致饲料原料不安全的重要原因。不法加工商或经销商为获取高额利润，在饲料原料(主要是蛋白质饲料)中掺入低价格的相对低品位饲料或非饲用物质，不仅造成饲料原料质量下降，还引入了外来有毒有害物质。众所周知，鱼粉中被掺入的物质有大豆粕、菜籽粕、棉籽粕等植物性蛋白质饲料，以及皮革粉、羽毛粉、尿素等。在大豆粕等蛋白质饲料中掺入工业品三聚氰胺(蛋白精)，使一些成品饲料及鸡蛋中被检出该种有毒物质。

2. 饲料运输与贮存过程的不安全因素 在饲料运输、贮存过程中很容易受到环境中某些化学物质的污染，如动物性饲料加工过程中可能会受到二噁英污染。饲料贮存过程中可能发生霉变，产生致病物质。若饲料被沙门氏菌、大肠杆菌污染，会导致鸡致病。

3. 饲料厂生产饲料过程的不安全因素 一些饲料加工厂和畜禽养殖场，受利益驱动在饲料中添加违禁药物。特别是滥用抗生素，破坏了动物体内微生态平衡，使免疫功能下降、产生抗药性，增加治疗的困难；抗生素在畜禽体内残留，还使人类对致病菌产生抗药性。我国一些饲料企业生产的幼猪及育雏期鸡饲料中添加高铜、高锌，一些商品猪料中添加阿胂酸，均会引起铜、锌及砷在土壤中累积，导致环境恶化与损害人体健康。曾报道，一度在市场上热销的“红心”鸭蛋，系鸭饲料中添加了致癌物质“苏丹红”之故。

4. 养殖场(户)使用饲料中的不安全因素 可能主要来源于以下几方面：一是不执行停药期，在规定的停药期内仍继续饲喂加药的饲料。一些大型饲料厂生产的鸡饲料系列产品中，包括有停药期饲料产品；但用户可能未理解停药期的意义与重要性，未购买与按规定饲喂停药期饲料。二是养殖户不了解或未考虑有关在饲料中添加药物的规定，任意在购入的饲料中添加药物，如我国农业部曾从分布于 5 个省(市)的 18 家养猪企业抽查出使用盐酸克伦特罗。三是滥用添加剂与饲料，将用于某畜种的添加剂预混料或饲料产品用于鸡，或将肉仔鸡饲料用于喂产蛋鸡、将产蛋鸡饲料用于育雏期和生长期雏鸡等。20 世纪 80 年代，我国某农业大学实验基地,曾误将羊用添加剂预混料加在蛋用种鸡饲料中,导致铜中毒,造成的损失惨重。

(三)鸡饲料卫生安全的保障措施

从上述鸡饲料不安全因素的分析中不难看出,为保证鸡饲料的卫生安全,主要应当从以下几方面入手。

1. 合理采购、运输与贮藏饲料原料 应从健康的生产地采购饲料原料,避免饲料运输与贮藏过程中接触化学物质、有机与生物污染物,防止贮存过程中发生霉变、腐败等;使饲料原料及饲料添加剂中重金属、病原菌等的含量符合国家卫生标准(表 5-3)。

表 5-3 鸡饲料及饲料添加剂的卫生指标及试验方法

序号	卫生指标项目	产品名称	指标	试验方法	备注
1	砷(以总砷计)允许量(mg/kg)	石灰石粉	≤2.0	GB/T 13079	不包括国家主管部门批准使用的有机砷制剂中的砷含量
		硫酸亚铁、硫酸镁			
		磷酸盐	≤20.0		
		沸石粉、膨润土、麦饭石	≤10.0		
		硫酸铜、硫酸锰、硫酸锌、碘化钾、碘酸钙、氯化钴	≤5.0		
		氧化锌	≤10.0		
		鱼粉、肉粉、肉骨粉	≤10.0		
		家禽配合饲料	≤2.0		
		家禽浓缩饲料	≤10.0		按配合饲料中20%添加量计
		家禽添加剂预混料			按配合饲料中1%添加量计

续表 5-3

序号	卫生指标项目	产品名称	指标	试验方法	备　注
2	铅(以 Pb 计)允许量(mg/kg)	生长鸭、产蛋鸭、肉鸭配合饲料，鸡配合饲料	≤5	GB/T 13080	
		产蛋鸡、肉用仔鸡浓缩料	≤13		按配合饲料中20%添加量计
		骨粉、肉骨粉、鱼粉、石灰石粉	≤10		
		磷酸盐	≤30		
		产蛋鸡、肉仔鸡复合预混合饲料	≤40		按配合饲料中1%添加量计
3	氟(以 F 计)允许量(mg/kg)	鱼　粉	≤500	GB/T 13083	高氟饲料用HG2536－1994 中4、4 条
		石灰石粉	≤2000		
		磷酸盐	≤1800	HG 2636	
		肉仔鸡、生长鸡配合饲料	≤250	GB/T 13083	
		产蛋鸡配合饲料	≤350		
		骨粉、肉骨粉	≤1800		
		生长鸭、肉鸭配合料	≤200		
		产蛋鸭配合饲料	≤250		
		禽添加剂预混料	≤1000		按配合饲料中1%添加量计
		禽浓缩饲料	按添加比例折算配合饲料指标		

续表 5-3

序号	卫生指标项目	产品名称	指标	试验方法	备注
4	霉菌允许量(每克产品中)(霉菌数×10^3 个)	玉 米	<40	GB/T 13092	限量饲用:40～100 禁用:>100
		小麦麸、米糠			限量饲用:40～80 禁用:>80
		豆饼(粕)、棉籽饼(粕)、菜籽饼(粕)	<50		限量饲用:50～100 禁用:>100
		鱼粉、肉骨粉	<20		限量饲用:20～50 禁用:>50
		鸭配合饲料	<35		
		鸡配合饲料、鸡浓缩饲料	<45		
5	黄曲霉毒素(B_1)允许量(μg/kg)	玉 米 花生饼(粕)、棉籽饼(粕)、菜籽饼(粕)	≤50	GB/T 17480 或 GB/T 8381	
		豆 粕	≤30		
		肉仔鸡前期、雏鸡配合饲料及浓缩饲料	≤10		
		肉仔鸡后期、生长鸡、产蛋鸡配合饲料及浓缩料	≤20		
		肉仔鸭前期、雏鸭配合饲料及浓缩饲料	≤10		
		肉仔鸭后期、生长鸭、产蛋鸭配合饲料及浓缩料	≤15		
6	铬(以 Cr 计)允许量(mg/kg)	皮革蛋白质	≤200	GB/T 13088	
		鸡配合饲料	≤10		

续表 5-3

序号	卫生指标项目	产品名称	指标	试验方法	备　注
7	汞(以 Hg 计)的允许量(mg/kg)	鱼　粉	≤0.5	GB/T 13081	
		石灰石粉 鸡配合饲料	≤0.1		
8	镉(以 Cd 计)的允许量(mg/kg)	米　糠	≤1.0	GB/T 13082	
		鱼　粉	≤2.0		
		石灰石粉	≤0.75		
		鸡配合饲料	≤0.5		
9	氰化物(以 HCN 计)的允许量(mg/kg)	木薯干	≤100	GB/T 13084	
		胡麻饼(粕)	≤350		
		鸡配合饲料	≤50		
10	亚硝酸盐(以 $NaNO_3$)计的允许量(mg/kg)	鱼　粉	≤60	GB/T 13085	
		鸡配合饲料	≤15		
11	游离棉酚的允许量(mg/kg)	棉籽饼(粕)	≤1200	GB/T 13086	
		肉仔鸡、生长鸡配合饲料	≤100		
		产蛋鸡配合饲料	≤20		
12	异硫氰酸酯(以丙烯基异硫氰酸酯计)的允许量(mg/kg)	菜籽饼(粕)	≤4000	GB/T 13087	
		鸡配合饲料	≤500		
13	噁唑烷硫酮的允许量(mg/kg)	肉仔鸡、生长鸡配合饲料	≤1000	GB/T 13089	
		产蛋鸡配合饲料	≤500		
14	六六六的允许量(mg/kg)	米糠、小麦麸、大豆饼(粕)、鱼粉	≤0.05	GB/T 13090	
		肉仔鸡、生长鸡配合饲料,产蛋鸡配合饲料	≤0.3		

续表 5-3

序号	卫生指标项目	产品名称	指标	试验方法	备 注
15	滴滴涕的允许量(mg/kg)	米糠、小麦麸、大豆饼(粕)、鱼粉	≤0.02	GB/T 13090	
		鸡配合饲料	≤0.2		
16	沙门氏杆菌	饲 料	不得检出	BG/T 13091	
17	细菌总数的允许量(每千克产品中细菌总数×10^6 个)	鱼 粉	<2	GB/T 13093	限量饲用:2～5 禁用:>5

注:表中数据来源于国家标准 GB 13078—2001;所列允许量均以干物质含量 88% 为基础计算

2. 正确使用添加剂 应是《允许使用的饲料添加剂品种目录》(表 5-4)所规定的品种,或取得试生产产品批准文号的新饲料添加剂品种。饲料中使用的饲料添加剂应是取得饲料添加剂生产许可证的正规企业生产的,具有产品批准文号的产品。应遵照产品标签所规定的用法、用量使用。为减缓过量使用微量元素盐等对环境的污染,应创造条件逐步扩大表 5-4 中微量元素螯合物的使用比例。

表 5-4 允许使用的添加剂品种目录

(中华人民共和国农业部公告第 105 号发布)

类 别	饲料添加剂名称
饲料级氨基酸(7种)	L-赖氨酸盐酸盐、DL-蛋氨酸、DL-羟基蛋氨酸、DL-羟基蛋氨酸钙、N-羟甲基蛋氨酸、L-色氨酸、L-苏氨酸

续表 5-4

类　别	饲料添加剂名称
饲料级维生素(26 种)	β-胡萝卜素，维生素 A，维生素 A 乙酸酯，维生素 A 棕榈酸酯，维生素 D_3，维生素 E，维生素 E 乙酸酯，维生素 K_3(亚硫酸氢钠甲萘醌)，二甲基嘧啶醇亚硫酸甲萘醌，维生素 B_1(盐酸硫胺素)，维生素 B_1(硝酸硫胺)，维生素 B_2(核黄素)，维生素 B_6，烟酸，烟酰胺，D-泛酸钙，DL-泛酸钙，叶酸，维生素 B_{12}(氰钴胺)，维生素 C(L-抗坏血酸)，L-抗坏血酸钙，L-抗坏血酸-2-磷酸酯，D-生物素，氯化胆碱，L-肉碱盐酸盐，肌醇
饲料级矿物质、微量元素(46 种)	硫酸钠，氯化钠，磷酸二氢钠，磷酸氢二钠，磷酸二氢钾，磷酸氢二钾，碳酸钙，氯化钙，磷酸氢钙，磷酸二氢钙，磷酸三钙，乳酸钙，七水硫酸镁，一水硫酸镁，氧化镁，氯化镁，七水硫酸亚铁，一水硫酸亚铁，三水乳酸亚铁，六水柠檬酸亚铁，富马酸亚铁，甘氨酸铁，蛋氨酸铁，五水硫酸铜，蛋氨酸铜，七水硫酸锌，一水硫酸锌，无水硫酸锌，氧化锌，蛋氨酸锌，一水硫酸锰，氯化锰，碘化钾，碘酸钾，碘酸钙，六水氯化钴，一水氯化钴，亚硒酸钠，酵母铜，酵母铁，酵母锰，酵母硒，酵母铬，甲基吡啶铬，烟酸铬
饲料级酶制剂(12 类)	蛋白酶(黑曲霉、枯草芽胞杆菌)，淀粉酶(地衣芽胞杆菌，黑曲霉)，支链淀粉酶(嗜酸乳杆菌)，果胶酶(黑曲霉)，脂肪酶，纤维素酶(reesei 木霉)，麦芽糖酶(枯草芽胞杆菌)，木聚糖酶(insolens 腐质霉)，β-聚葡萄糖酶(枯草芽胞杆菌，黑曲霉)，甘露聚糖酶(缓慢芽胞杆菌)，植酸酶(黑曲霉、米曲霉)，葡萄糖氧化酶(青霉)
饲料级微生物添加剂(11 种)	干酪乳杆菌，植物乳杆菌，粪链球菌，乳酸片球菌，枯草芽胞杆菌，纳豆芽胞杆菌，嗜酸乳杆菌，乳链球菌，啤酒酵母菌，产朊假丝酵母，沼泽红假单胞菌
抗氧化剂(4 种)	乙氧基喹啉，二丁基羟基甲苯(BHT)，丁基羟基茴香醚(BHA)，没食子酸丙酯
防腐剂，电解质平衡剂(25 种)	甲酸，甲酸钙，甲酸铵，乙酸，双乙酸钠，丙酸，丙酸钙，丙酸钠，丙酸铵，丁酸，乳酸，苯甲酸，苯甲酸钠，山梨酸，山梨酸钠，山梨酸钾，富马酸，柠檬酸，酒石酸，苹果酸，磷酸，氢氧化钠，碳酸氢钠，氯化钾，氢氧化铵

续表 5-4

类　别	饲料添加剂名称
着色剂(6 种)	β-阿朴-8′-胡萝卜素醛,辣椒红,β-阿朴-8′-胡萝卜素酸乙酯,虾青素,β,β胡萝卜素-4,4二酮(斑蝥黄),叶黄素(万寿菊花提取物)
调味剂,香料[6种(类)]	糖精钠,谷氨酸钠,5′-肌苷酸二钠,5′-鸟苷酸二钠,血根碱,食品用香料均可做饲料添加剂
粘结剂、抗结块剂和稳定剂[13种(类)]	α-淀粉,海藻酸钠,羟甲基纤维素钠,丙二醇,二氧化硅,硅酸钙,三氧化二铝,蔗糖脂肪酸酯,山梨醇酐脂肪酸酯,甘油脂肪酸酯,硬脂酸钙,聚氧乙烯 20 山梨醇酐单油酸酯,聚丙烯酸树脂Ⅱ
其他(10 种)	糖萜素,甘露低聚糖,肠膜蛋白素,果寡糖,乙酰氧肟酸,天然类固醇萨酒皂苷(YUCCA),大蒜素,甜菜碱,聚乙烯聚吡咯烷酮(PVPP),葡萄糖山梨醇

3. 按规定使用兽药　必须按国家有关添加剂和兽药使用法规使用预防性药物添加剂,治疗使用兽药须在兽医监督下进行,严格按规定的剂量、方法用药,执行正确的用药期与停药期。

(1)严格种鸡净化、免疫、消毒及饲养管理,减少用药　随着我国规模化养鸡的发展,鸡病已成为困扰养殖经营者的一大问题。伴随着养鸡户、养鸡密度与持续时间增加,鸡病种类越来越多,发生的频率越来越高,是必然的规律。但我国鸡病的发生状况相当程度上与养鸡业的经营方式、种鸡净化率,免疫、消毒与不适当的饲养管理密不可分。完全意义上的全进全出制的实施受到限制,免疫、消毒、死鸡与粪污处理方面存在许多漏洞,种鸡净化不彻底等,导致不少养鸡单位鸡病频发,不得不依靠兽药控制,且不严格遵守用药规定,导致禽产品中药残问题突现。

养鸡业整体存在的问题,须靠国家及有关部门统筹,严格管理,认真监察各项法规的执行,使逐步提高规模化养鸡的科学水平、技术水平、管理水平。养殖经营者,应通过正确免疫、消毒加强疾病防制，改善饲养管理增强鸡群体质，减少疾病发生，尽量减少用药。

(2)不违规用药 免疫、消毒、预防与治疗性用药，均应按国家有关规定进行。严格按照《中华人民共和国动物防疫法》的规定防止动物发病。必要条件下用药须符合《中华人民共和国兽药典》、《中华人民共和国兽药规范》、《兽药质量标准》、《兽用生物制品质量标准》的相关规定。所用兽药必须来自具有兽药生产许可证和产品批准文号的生产企业，或具有进口兽药许可证的供应商。使用兽药还须遵循以下原则。

①允许用消毒防腐剂对饲养环境、畜禽舍和生产器具消毒。

②允许用符合兽用生物制品质量标准的疫苗对动物进行免疫。

③允许使用《中华人民共和国兽药典》二部和《中华人民共和国兽药规范》二部收载的兽用中药材、中药成方制剂。

④允许在临床兽医指导下使用钙、磷、硒、钾等补充药、微生态制剂、酸碱平衡药、体液补充药、营养药、血容量补充药、抗贫血药、维生素类药、吸附药、泻药、滑润药、酸化剂、局部止血药、收敛药和助消化药。

⑤慎重使用经农业部批准的拟肾上腺素药、平喘药、抗(拟)胆碱药、肾上腺皮质激素类药和解热镇痛药。

⑥禁止使用麻醉药、镇痛药、镇静药、中枢兴奋药、化学保定药及骨骼肌松弛药。

⑦使用抗菌药和抗寄生虫药须严格遵守规定的用法与用量，应遵守规定的休药期。未规定休药期的药物，休药期不应少于28天。

为保证我国出口禽肉的卫生质量和食用安全，国家质量监督检验检疫局和对外经济贸易合作部联合发布了《出口肉禽禁用药物名录》和《允许使用药物名录》。生产出口禽肉的经营者须严格执行上述名录的规定。

4. 避免交叉使用饲料 本书在前面的部分已从营养角度提出，不同用途与同用途不同生理阶段的鸡，应分别饲喂符合其营养需要的全价饲料。不同用途与不同生理阶段的鸡在用药方面也截然不同。为预防和治疗目的，可在肉用仔鸡和蛋用生长鸡饲料中掺入抗球虫药类、驱虫剂类、抑菌促生长类等药物饲料添加剂；而通常禁止在整个产蛋期母鸡饲料中添加药物饲料添加剂，必要时可在兽医指导下对母鸡添加一些药物，但必须执行弃蛋期（即蛋鸡从停止给药到它们所产蛋被允许上市的间隔时间）的规定。因此，绝不能将加药的肉仔鸡和蛋用生长鸡饲料饲喂商品产蛋母鸡与种用母鸡。

附　录

农业行业鸡饲养标准 NY/T 33—2004 中的中国禽用饲料成分及营养价值表,包括:

表 14 饲料描述及常规成分,表 15 饲料中氨基酸含量,表 16 饲料中矿物质及维生素含量,表 17 鸡用饲料氨基酸表观利用率,表 18 常用矿物质饲料中矿物元素的含量,表 19 常用维生素类饲料添加剂产品有效成分含量,表 20 鸡日粮中矿物质元素的耐受量。

此处将最常用的表 14、表 15、表 17、表 18 列编为附表 1、附表 2、附表 3 和附表 4,供读者参阅。若需要查其他表格,可参考原标准,或查中国饲料成分及营养价值表　中国饲料数据库。此处所列各表的序号,括号外为本书序号,括号内为农业行业鸡饲养标准 NY/T 33—2004 中的序号。另须做以下说明。

1. 原表中表头、注等部分并列英文,此处均略去。

2. 原表 14 中共列出 84 种饲料,这些饲料均是配制鸡配合饲料最常用的大宗饲料原料。考虑到养鸡户和小型养鸡场可能会利用一些当地产出的小批量饲料,在表 1(14)中插列了 40 种饲料,连同原有的 84 种,共 124 种。

附表 1(14) 饲料描述及常规成分

序号	中国饲料号（CFN）	饲料名称	饲料描述	干物质（%）	粗蛋白质（%）	粗脂肪（%）	粗纤维（%）	无氮浸出物（%）	粗灰分（%）	中洗纤维（%）	酸洗纤维（%）	钙（%）	总磷（%）	非植酸磷（%）	鸡代谢能	
															Mcal/kg	MJ/kg
1	4-07-0278	玉米	成熟，高蛋白优质	86.0	9.4	3.1	1.2	71.1	1.2	—	—	0.02	0.27	0.12	3.18	13.31
2	4-07-0288	玉米	成熟，高赖氨酸，优质	86.0	8.5	5.3	2.6	67.3	1.3	—	—	0.16	0.25	0.09	3.25	13.60
3	4-07-0279	玉米	成熟，GB/T 17890—1999，1级	86.0	8.7	3.6	1.6	70.7	1.4	9.3	2.7	0.02	0.27	0.12	3.24	13.56
4	4-07-0280	玉米	成熟 GB/T 17890—1999，2级	86.0	7.8	3.5	1.6	71.8	1.3	—	—	0.02	0.27	0.12	3.22	13.47
5	4-07-0272	高粱	成熟，NY/T 1级	86.0	9.0	3.4	1.4	70.4	1.8	17.4	8.0	0.13	0.36	0.17	2.94	12.30
6	4-07-0270	小麦	混合小麦，成熟 NY/T 2级	87.0	13.9	1.7	1.9	67.6	1.9	13.3	3.9	0.17	0.41	0.13	3.04	12.72
7	4-07-0274	大麦(裸)	裸大麦，成熟 NY/T 2级	87.0	13.0	2.1	2.0	67.7	2.2	10.0	2.2	0.04	0.39	0.21	2.68	11.21

续附表 1(14)

序号	中国饲料号（CFN）	饲料名称	饲料描述	干物质（%）	粗蛋白质（%）	粗脂肪（%）	粗纤维（%）	无氮浸出物（%）	粗灰分（%）	中洗纤维（%）	酸洗纤维（%）	钙（%）	总磷（%）	非植酸磷（%）	鸡代谢能	
															Mcal/kg	MJ/kg
8	4-07-0277	大麦(皮)	皮大麦，成熟 NY/Y 1级	87.0	11.0	1.7	4.8	67.1	2.4	18.4	6.8	0.09	0.33	0.17	2.70	11.30
9	4-07-0281	黑麦	籽粒，进口	88.0	11.0	1.5	2.2	71.5	1.8	12.3	4.6	0.05	0.30	0.11	2.69	11.25
10	4-07-0273	稻谷	成熟，晒干，NY/T 2级	86.0	7.8	1.6	8.2	63.8	4.6	27.4	28.7	0.03	0.36	0.20	2.63	11.00
11	4-07-0276	糙米	良，成熟，未去米糠	87.0	8.8	2.0	0.7	74.2	1.3	—	—	0.03	0.35	0.15	3.36	14.06
12	4-07-0275	碎米	良，加工精米后的副产品	88.0	10.4	2.2	1.1	72.7	1.6	—	—	0.06	0.35	0.15	3.40	14.23
13	4-07-0479	粟(谷子)	合格，带壳，成熟	86.5	9.7	2.3	6.8	65.0	2.7	15.2	13.3	0.12	0.30	0.11	2.84	11.88
14	4-04-0067	木薯干	木薯干片，晒干，NY/T 合格	87.0	2.5	0.7	2.5	79.4	1.9	8.4	6.4	0.27	0.09	—	2.96	12.38

续附表 1(14)

序号	中国饲料号(CFN)	饲料名称	饲料描述	干物质(%)	粗蛋白质(%)	粗脂肪(%)	粗纤维(%)	无氮浸出物(%)	粗灰分(%)	中洗纤维(%)	酸洗纤维(%)	钙(%)	总磷(%)	非植酸磷(%)	鸡代谢能	
															Mcal/kg	MJ/kg
15	4-04-0068	甘薯干	甘薯干片，晒干，NY/T 合格	87.0	4.0	0.8	2.8	76.4	3.0	—	—	0.19	0.02	—	2.34	9.79
16	4-04-0200	甘薯	7 省市，8 样平均值	25.0	1.0	0.3	0.9	22.0	0.8	—	—	0.13	0.05	—	0.79	3.31
17	4-08-0104	次粉	黑面，黄粉，下面 NY/T1 级	88.0	15.4	2.2	1.5	67.1	1.5	18.7	4.3	0.08	0.48	0.14	3.05	12.76
18	4-08-0105	次粉	黑面，黄粉，下面 NY/T2 级	87.0	13.6	2.1	2.8	66.7	1.8	—	—	0.08	0.48	0.14	2.99	12.51
19	4-08-0069	小麦麸	传统制粉工艺 NY/T 1 级	87.0	15.7	3.9	8.9	53.6	4.9	42.1	13.0	0.11	0.92	0.24	1.63	6.82
20	4-08-0070	小麦麸	传统制粉工艺 NY/T 2 级	87.0	14.3	4.0	6.8	57.1	4.8	—	—	0.10	0.93	0.24	1.62	6.78
21	4-08-0001	大麦麸		91.2	14.5	1.9	8.2	63.6	3.0	—	—	0.04	0.40	—	2.02	8.45
22	4-08-0002	大麦麸		87.0	15.4	3.2	5.7	58.7	4.0	—	—	0.33	0.48	—	1.95	8.16

续附表 1(14)

序号	中国饲料号(CFN)	饲料名称	饲料描述	干物质(%)	粗蛋白质(%)	粗脂肪(%)	粗纤维(%)	无氮浸出物(%)	粗灰分(%)	中洗纤维(%)	酸洗纤维(%)	钙(%)	总磷(%)	非植酸磷(%)	鸡代谢能	
															Mcal/kg	MJ/kg
23	4-08-0041	米糠	新鲜,不脱脂,NY/T 2 级	87.0	12.8	16.5	5.7	44.5	7.5	22.9	13.4	0.07	1.43	0.10	2.68	11.21
24	4-10-0025	米糠饼	未脱脂,机榨,NY/T 1 级	88.0	14.7	9.0	7.4	48.2	8.7	27.7	11.6	0.14	1.69	0.22	2.43	10.17
25	4-10-0018	米糠粕	浸提或预压浸提,NY/T 1 级	87.0	15.1	2.0	7.5	53.6	8.8	—	—	0.15	1.82	0.24	1.98	8.28
26	4-08-0016	高粱糠	2 省 8 样平均值	91.1	9.6	9.1	4.0	63.5	4.9	—	—	—	—	—	2.13	8.91
27	4-08-0094	玉米皮	6 省市 6 样平均值	88.2	9.7	4.0	9.1	61.9	3.5	—	—	0.28	0.35	—	1.57	6.57
28	4-04-0208	胡萝卜	12 省市 13 样平均值	12.0	1.1	0.3	1.2	8.4	1.0	—	—	0.15	0.09	—	0.37	1.55
29	4-04-0211	马铃薯	10 省市 10 样平均值	22.0	1.6	0.1	0.70	18.7	0.9	—	—	0.02	0.03	—	0.69	2.89

续附表 1(14)

序号	中国饲料号(CFN)	饲料名称	饲料描述	干物质(%)	粗蛋白质(%)	粗脂肪(%)	粗纤维(%)	无氮浸出物(%)	粗灰分(%)	中洗纤维(%)	酸洗纤维(%)	钙(%)	总磷(%)	非植酸磷(%)	鸡代谢能	
															Mcal/kg	MJ/kg
30	4-04-0213	甜菜	8省市9样平均值	15.0	2.0	0.4	1.7	9.1	1.8	—	—	0.06	0.04	—	0.46	1.92
31	4-04-0215	芜菁甘蓝	3省5样平均值	10.0	1.0	0.2	1.3	6.7	0.8	—	—	0.06	0.02	—	0.31	1.30
32	4-11-0058	粉渣	玉米粉渣，6省7样平均值	15.0	1.8	0.7	1.4	10.7	0.4	—	—	0.02	0.02	—	0.32	1.34
33	4-11-0069	粉渣	马铃薯粉渣，3省3样平均值	15.0	1.0	0.4	1.3	11.7	0.6	—	—	0.06	0.04	—	0.30	1.26
34	5-09-0127	大豆	黄大豆，成熟，NY/T 2级	87.0	35.5	17.3	4.3	25.7	4.2	7.9	7.3	0.27	0.48	0.30	3.24	13.56
35	5-09-0128	全脂大豆	湿法膨化，生大豆为NY/T 2级	88.0	35.5	18.7	4.6	25.2	4.0	—	—	0.32	0.40	0.25	3.75	15.69
36	5-09-300	黑豆	5省市5样平均值	88.0	36.1	14.5	6.7	26.4	4.3	—	—	0.24	0.48	—	3.14	13.14

续附表 1(14)

序号	中国饲料号(CFN)	饲料名称	饲料描述	干物质(%)	粗蛋白质(%)	粗脂肪(%)	粗纤维(%)	无氮浸出物(%)	粗灰分(%)	中洗纤维(%)	酸洗纤维(%)	钙(%)	总磷(%)	非植酸磷(%)	鸡代谢能	
															Mcal/kg	MJ/kg
37	5-09-201	蚕豆	14 省市 23 样平均值	88.0	24.9	1.4	7.5	50.9	3.3	—	—	0.15	0.40	—	2.58	10.79
38	5-09-222	豌豆	19 省市 30 样平均值	88.0	22.6	1.5	5.9	55.1	2.9	—	—	0.13	0.39	—	2.73	11.42
39	5-10-0241	大豆饼	机榨，NY/T 2 级	89.0	41.8	5.8	4.8	30.7	5.9	18.1	15.5	0.31	0.50	0.25	2.52	10.54
40	5-10-0103	大豆粕	去皮，浸提或预压浸提，NY/T 1 级	89.0	47.9	1.0	4.0	31.2	4.9	8.8	5.3	0.34	0.65	0.19	2.40	10.04
41	5-10-0102	大豆粕	浸提或预压浸提，NY/T 2 级	89.0	44.0	1.9	5.2	31.8	6.1	13.6	9.6	0.33	0.62	0.18	2.35	9.83
42	5-10-049	黑豆饼	机榨，4 样平均值	88.0	39.8	4.9	6.9	29.7	6.7	—	—	0.42	0.27	—	2.52	10.54
43	5-10-0118	棉籽饼	机榨，NY/T 2 级	88.0	36.3	7.4	12.5	26.1	5.7	32.1	22.9	0.21	0.83	0.28	2.16	9.04

续附表 1(14)

序号	中国饲料号（CFN）	饲料名称	饲料描述	干物质（%）	粗蛋白质（%）	粗脂肪（%）	粗纤维（%）	无氮浸出物（%）	粗灰分（%）	中洗纤维（%）	酸洗纤维（%）	钙（%）	总磷（%）	非植酸磷（%）	鸡代谢能	
															Mcal/kg	MJ/kg
44	5-10-0119	棉籽粕	浸提或预压浸提，NY/T 1 级	90.0	47.0	0.5	10.2	26.3	6.0	—	—	0.25	1.10	0.38	1.86	7.78
45	5-10-0117	棉籽粕	浸提或预压浸提，NY/T 2 级	90.0	43.5	0.5	10.5	28.9	6.6	28.4	19.4	0.28	1.04	0.36	2.03	8.49
46	5-10-0183	菜籽饼	机榨，NY/T 2 级	88.0	35.7	7.4	11.4	26.3	7.2	33.3	26.0	0.59	0.96	0.33	1.95	8.16
47	5-10-0121	菜籽粕	浸提或预压浸提，NY/T 2 级	88.0	38.6	1.4	11.8	28.9	7.3	20.7	16.8	0.65	1.02	0.35	1.77	7.41
48	5-10-0116	花生仁饼	机榨，NY/T 2 级	88.0	44.7	7.2	5.9	25.1	5.1	14.0	8.7	0.25	0.53	0.31	2.78	11.63
49	5-10-0115	花生仁粕	浸提或预压浸提，NY/T 2 级	88.0	47.8	1.4	6.2	27.2	5.4	15.5	11.7	0.27	0.56	0.33	2.60	10.88
50	5-10-0031	向日葵仁饼	壳仁比为35：65，NY/T 3 级	88.0	29.0	2.9	20.4	31.0	4.7	41.4	29.6	0.24	0.87	0.13	1.59	6.65

续附表 1(14)

序号	中国饲料号（CFN）	饲料名称	饲料描述	干物质（%）	粗蛋白质（%）	粗脂肪（%）	粗纤维（%）	无氮浸出物（%）	粗灰分（%）	中洗纤维（%）	酸洗纤维（%）	钙（%）	总磷（%）	非植酸磷（%）	鸡代谢能	
															Mcal/kg	MJ/kg
51	5-10-0242	向日葵仁粕	壳仁比为16：84，NY/T 2级	88.0	36.5	1.0	10.5	34.4	5.6	14.9	13.6	0.27	1.13	0.17	2.32	9.71
52	5-10-0243	向日葵仁粕	壳仁比为24：76，NY/T 2级	88.0	33.6	1.0	14.8	38.8	5.3	32.8	23.5	0.26	1.03	0.16	2.03	8.49
53	5-10-0119	亚麻仁饼	机榨，NY/T 2级	88.0	32.2	7.8	7.8	34.0	6.2	29.7	27.1	0.39	0.88	0.38	2.34	9.79
54	5-10-0120	亚麻仁粕	浸提或预压浸提，NY/T 2级	88.0	34.8	1.8	8.2	36.6	6.6	21.6	14.4	0.42	0.95	0.42	1.90	7.95
55	5-10-0246	芝麻饼	机榨，CP40%	92.0	39.2	10.3	7.2	24.9	10.4	18.0	13.2	2.24	1.19	0.22	2.14	8.95
56	5-10-052	红花籽饼	机榨，3样平均值	92.6	27.3	6.0	20.9	32.7	5.7	—	—	0.37	0.62	—	1.14	4.77
57	4-10-124	椰子饼		90.3	16.6	15.1	14.4	26.8	7.4	—	—	0.04	0.19	—	1.96	8.20
58	4-10-219	棕榈籽饼		84.3	6.4	2.0	11.5	62.8	1.6	—	—	0.08	0.15	—	1.22	5.10

续附表 1(14)

序号	中国饲料号(CFN)	饲料名称	饲料描述	干物质(%)	粗蛋白质(%)	粗脂肪(%)	粗纤维(%)	无氮浸出物(%)	粗灰分(%)	中洗纤维(%)	酸洗纤维(%)	钙(%)	总磷(%)	非植酸磷(%)	鸡代谢能	
															Mcal/kg	MJ/kg
59	5-11-0001	玉米蛋白粉	玉米去胚芽、淀粉后的面筋部分CP60%	90.1	63.5	5.4	1.0	19.2	1.0	8.7	4.6	0.07	0.44	0.17	3.88	16.23
60	5-11-0002	玉米蛋白粉	同上，中等蛋白质产品,CP50%	91.2	51.3	7.8	2.1	28.0	2.0	—	—	0.06	0.42	0.16	3.41	14.27
61	5-11-0008	玉米蛋白粉	同上，中等蛋白质产品,CP40%	89.9	44.3	6.0	1.6	37.1	0.9	—	—	—	—	—	3.18	13.31
62	5-11-0003	玉米蛋白饲料	玉米去胚芽去淀粉的含皮残渣	88.0	19.3	7.5	7.8	48.0	5.4	33.6	10.5	0.15	0.70	—	2.02	8.45
63	4-10-0026	玉米胚芽饼	玉米湿磨后的胚芽，机榨	90.0	16.7	9.6	6.3	50.8	6.6	—	—	0.04	1.45	—	2.24	9.37
64	4-10-0244	玉米胚芽粕	玉米湿磨后的胚芽，浸提	90.0	20.8	2.0	6.5	54.8	5.9	—	—	0.06	1.23	—	2.07	8.66
65	5-11-0007	DDGS	玉米啤酒糟及可溶物,脱水	90.0	28.3	13.7	7.1	36.8	4.1	—	—	0.20	0.74	0.42	2.20	9.20

续附表 1(14)

序号	中国饲料号(CFN)	饲料名称	饲料描述	干物质(%)	粗蛋白质(%)	粗脂肪(%)	粗纤维(%)	无氮浸出物(%)	粗灰分(%)	中洗纤维(%)	酸洗纤维(%)	钙(%)	总磷(%)	非植酸磷(%)	鸡代谢能	
															Mcal/kg	MJ/kg
66	5-11-0009	蚕豆粉浆蛋白粉	蚕豆去皮制粉丝后的浆液,脱水	88.0	66.3	4.7	4.1	10.3	2.6	—	—	—	0.59	—	3.47	14.52
67	5-11-0004	麦芽根	大麦副产品,干燥	89.7	28.3	1.4	12.5	41.4	6.1	—	—	0.22	0.73	—	1.41	5.90
68	5-13-0044	鱼粉(CP 64.5%)	7样平均值	90.0	64.5	5.6	0.5	8.0	11.4	—	—	3.81	2.83	2.83	2.96	12.38
69	5-13-0045	鱼粉(CP 62.5%)	8样平均值	90.0	62.5	4.0	0.5	10.0	12.3	—	—	3.96	3.05	3.05	2.91	12.18
70	5-13-0046	鱼粉(CP 60.2%)	海鱼粉,脱脂,12样平均值	90.0	60.2	4.9	0.5	11.6	12.8	—	—	4.04	2.90	2.90	2.82	11.80
71	5-13-0077	鱼粉	海鱼粉,脱脂,11样平均值	90.0	53.5	10.0	0.8	4.9	20.8	—	—	5.88	3.20	3.20	2.90	12.13
72	5-13-0036	血粉	鲜猪血,喷雾干燥	88.0	82.8	0.4	0.0	1.6	3.2	—	—	0.29	0.31	0.31	2.46	10.29

续附表 1(14)

序号	中国饲料号(CFN)	饲料名称	饲料描述	干物质(%)	粗蛋白质(%)	粗脂肪(%)	粗纤维(%)	无氮浸出物(%)	粗灰分(%)	中洗纤维(%)	酸洗纤维(%)	钙(%)	总磷(%)	非植酸磷(%)	鸡代谢能	
															Mcal/kg	MJ/kg
73	5-13-0037	羽毛粉	纯净羽毛，水解	88.0	77.9	2.2	0.7	1.4	5.8	—	—	0.20	0.68	0.68	2.73	11.42
74	5-13-0038	皮革粉	废牛皮，水解	88.0	74.7	0.8	1.6	—	10.9	—	—	4.40	0.15	0.15	—	—
75	5-13-0047	肉骨粉	屠宰下脚，带骨干燥粉碎	93.0	50.0	8.5	2.8	—	31.7	32.5	5.6	9.20	4.70	4.70	2.38	9.96
76	5-13-0048	肉粉	脱脂	94.0	54.0	12.0	1.4	—	—	31.6	8.3	7.69	3.99	—	2.20	9.20
77	5-13-004	蚕蛹	柞蚕	90.5	54.6	25.5	—	—	4.3	—	—	0.02	0.53	0.53	3.88	16.23
78	5-13-009	蚕蛹	桑蚕	91.0	53.9	22.8	—	—	2.9	—	—	0.25	0.53	0.53	3.41	14.27
79	5-13-013	蚕蛹渣	脱脂	89.3	64.8	3.9	—	—	4.7	—	—	0.19	0.75	0.75	2.73	11.42
80	1-05-0074	苜蓿草粉(CP19%)	一茬盛花期烘干，NY/T 1级	87.0	19.1	2.3	22.7	35.3	7.6	36.7	25.0	1.40	0.51	0.51	0.97	4.06
81	1-05-0075	苜蓿草粉(CP17%)	一茬盛花期烘干，NY/T 2级	87.0	17.2	2.6	25.6	33.3	8.3	39.0	28.6	1.52	0.22	0.22	0.87	3.64

续附表 1(14)

序号	中国饲料号(CFN)	饲料名称	饲料描述	干物质(%)	粗蛋白质(%)	粗脂肪(%)	粗纤维(%)	无氮浸出物(%)	粗灰分(%)	中洗纤维(%)	酸洗纤维(%)	钙(%)	总磷(%)	非植酸磷(%)	鸡代谢能	
															Mcal/kg	MJ/kg
82	1-05-0076	苜蓿草粉(CP14%~15%)	NY/T 3级	87.0	14.3	2.1	29.8	33.8	10.1	36.8	2.9	1.34	0.19	0.19	0.84	3.51
83	5-05-012	灰菜干草粉		93.0	18.6	2.7	10.5	41.1	20.1	—	—	1.39	0.63	0.63	0.97	4.06
84	5-05-015	聚合草粉	优质	87.2	21.2	3.8	5.7	33.9	17.6	—	—	1.57	0.43	0.43	1.28	5.36
85	5-05-016	聚合草粉	优质	90.6	24.4	3.5	7.2	42.1	13.4	—	—	0.86	0.25	0.25	1.42	5.94
86	5-05-094	三叶草	白三叶，开花期	90.0	22.2	2.8	10.4	43.1	11.4	—	—	1.59	0.34	0.34	1.21	5.06
87	5-05-080	紫云英草粉	全株，优质	90.8	25.8	4.6	11.8	41.0	7.6	—	—	—	—	—	1.62	6.78
88	5-05-090	秣食豆草粉		90.4	18.1	2.9	22.8	36.8	9.8	—	—	—	—	—	0.88	3.68
89	2-01-017	蚕豆苗	小胡豆，花前期	11.2	2.7	0.6	2.3	4.4	1.2	—	—	0.07	0.05	0.05	0.13	0.54

续附表 1(14)

序号	中国饲料号(CFN)	饲料名称	饲料描述	干物质(%)	粗蛋白质(%)	粗脂肪(%)	粗纤维(%)	无氮浸出物(%)	粗灰分(%)	中洗纤维(%)	酸洗纤维(%)	钙(%)	总磷(%)	非植酸磷(%)	鸡代谢能	
															Mcal/kg	MJ/kg
90	2-01-051	甘蓝	春甘蓝，整株	7.4	1.6	0.4	1.1	3.3	1.0	—	—	0.16	0.03	0.03	0.09	0.38
91	2-01-125	聚合草	朝鲜种，现蕾期	11.2	3.7	0.3	1.6	3.6	2.0	—	—	0.23	0.06	0.06	0.14	0.59
92	2-01-172	马齿苋	5省5样平均值	12.0	2.2	0.4	2.0	5.0	2.4	—	—	0.17	0.05	0.05	0.15	0.63
93	2-01-261	三叶草	英国红三叶，营养期	12.0	3.1	0.8	1.9	5.0	1.2	—	—	0.13	0.04	0.04	0.17	0.71
94	2-01-346	苕子	花苕，花前期	15.8	5.0	0.7	2.5	6.0	1.6	—	—	0.20	0.06	0.06	0.20	0.84
95	2-01-429	紫云英	8省市8样平均值	13.0	2.9	0.7	2.5	5.6	1.3	—	—	0.18	0.07	0.07	0.15	0.63
96	5-11-0005	啤酒糟	大麦酿造副产品	88.0	24.3	5.3	13.4	40.8	4.2	39.4	24.6	0.32	0.42	0.14	2.37	9.92
97	5-02-025	槐叶粉	颗粒状	90.3	18.1	3.1	11.0	46.1	12.0	—	—	2.21	0.21	0.21	0.80	3.35

续附表 1(14)

序号	中国饲料号(CFN)	饲料名称	饲料描述	干物质(%)	粗蛋白质(%)	粗脂肪(%)	粗纤维(%)	无氮浸出物(%)	粗灰分(%)	中洗纤维(%)	酸洗纤维(%)	钙(%)	总磷(%)	非植酸磷(%)	鸡代谢能	
															Mcal/kg	MJ/kg
98	1-02-095	木薯叶粉		91.3	19.2	11.7	11.2	40.9	8.3	—	—	—	—	—	1.22	5.10
99	1-02-096	木薯叶粉		95.6	18.4	10.1	10.3	48.2	8.6	—	—	1.77	0.07	0.07	1.24	5.19
100	4-02-037	榆树叶粉	中秋收	88.0	13.6	5.1	10.5	48.0	10.7	—	—	2.14	0.02	0.02	0.79	3.31
101	5-02-069	榆树叶	嫩枝、叶	88.0	20.4	5.5	8.6	39.4	14.1	—	—	2.19	0.20	0.20	0.79	3.31
102	5-02-004	紫穗槐叶	嫩枝、叶	88.0	22.8	2.8	13.8	42.8	5.9	—	—	0.31	0.28	0.28	0.84	3.51
103	7-15-0001	啤酒酵母	啤酒酵母菌粉，QB/T1940-94	91.7	52.4	0.4	0.6	33.6	4.7	—	—	0.16	1.02	—	2.52	10.54
104	4-13-0075	乳清粉	乳清，脱水，低乳糖含量	94.0	12.0	0.7	0.0	71.6	9.7	—	—	0.87	0.79	0.79	2.73	11.42
105	5-01-0162	酪蛋白	脱水	91.0	88.7	0.8	—	—	—	—	—	0.63	1.01	0.82	4.13	17.28
106	5-14-0503	明胶		90.0	88.6	0.5	—	—	—	—	—	0.49	—	—	2.36	9.87
107	4-06-0076	牛奶乳糖	进口，含乳糖80%以上	96.0	4.0	0.5	0.0	83.5	8.0	—	—	0.52	0.62	0.62	2.69	11.25
108	4-06-0077	乳糖		96.0	0.3	—	—	95.7	—	—	—	—	—	—	—	—
109	4-06-0078	葡萄糖		90.0	0.3	—	—	89.7	—	—	—	—	—	—	3.08	12.89

续附表 1(14)

序号	中国饲料号（CFN）	饲料名称	饲料描述	干物质（%）	粗蛋白质（%）	粗脂肪（%）	粗纤维（%）	无氮浸出物（%）	粗灰分（%）	中洗纤维（%）	酸洗纤维（%）	钙（%）	总磷（%）	非植酸磷（%）	鸡代谢能	
															Mcal/kg	MJ/kg
110	4-06-0079	蔗糖		99.0	0.0	0.0	—	—	—	—	—	0.04	0.01	0.01	3.90	16.32
111	4-02-0889	玉米淀粉		99.0	0.3	0.2	—	—	—	—	—	0.00	0.03	0.01	3.16	13.22
112	4-17-0001	牛脂		99.0	0.3	≥98	0.0	—	—	—	—	0.00	0.00	0.00	7.78	32.55
113	4-17-0002	猪油		99.0	0.0	≥98	0.0	—	—	—	—	0.00	0.00	0.00	9.11	38.11
114	4-17-0003	家禽脂肪		99.0	0.0	≥98	0.0	—	—	—	—	0.00	0.00	0.00	9.36	39.16
115	4-17-0004	鱼油		99.0	0.0	≥98	0.0	—	—	—	—	0.00	0.00	0.00	8.45	35.35
116	4-17-0005	菜籽油		99.0	0.0	≥98	0.0	—	—	—	—	0.00	0.00	0.00	9.21	38.53
117	4-17-0006	椰子油		99.0	0.0	≥98	0.0	—	—	—	—	0.00	0.00	0.00	8.81	36.76
118	4-17-0007	玉米油		99.0	0.0	≥98	0.0	—	—	—	—	0.00	0.00	0.00	9.66	40.42
119	4-17-0008	棉籽油		99.0	0.0	≥98	0.0	—	—	—	—	0.00	0.00	0.00	—	—
120	4-17-0009	棕榈油		99.0	0.0	≥98	0.0	—	—	—	—	0.00	0.00	0.00	5.80	24.27
121	4-17-0010	花生油		99.0	0.0	≥98	0.0	—	—	—	—	0.00	0.00	0.00	9.36	39.16
122	4-17-0011	芝麻油		99.0	0.0	≥98	0.0	—	—	—	—	0.00	0.00	0.00	—	—
123	4-17-0012	大豆油	粗制	99.0	0.0	≥98	0.0	—	—	—	—	0.00	0.00	0.00	8.37	35.02
124	4-17-0013	葵花油		99.0	0.0	≥98	0.0	—	—	—	—	0.00	0.00	0.00	9.66	40.42

引注：表中序号 112～124 所列饲料均为油脂，原表中所列的分类号、干物质和粗脂肪含量有明显错误或与中国饲料数据库中不一致，均以中国饲料数据库为准予以更正

附表 2(15)　饲料中氨基酸含量

序号	中国饲料号(CFN)	饲料名称	干物质(%)	粗蛋白质(%)	精氨酸(%)	组氨酸(%)	异亮氨酸(%)	亮氨酸(%)	赖氨酸(%)	蛋氨酸(%)	胱氨酸(%)	苯丙氨酸(%)	酪氨酸(%)	苏氨酸(%)	色氨酸(%)	缬氨酸(%)
1	4-07-0278	玉米	86.0	9.4	0.38	0.23	0.26	1.03	0.26	0.19	0.22	0.43	0.34	0.31	0.08	0.40
2	4-07-0288	玉米	86.0	8.5	0.50	0.29	0.27	0.74	0.36	0.15	0.18	0.37	0.28	0.30	0.08	0.46
3	4-07-0279	玉米	86.0	8.7	0.39	0.21	0.25	0.93	0.24	0.18	0.20	0.41	0.33	0.30	0.07	0.38
4	4-07-0280	玉米	86.0	7.8	0.37	0.20	0.24	0.93	0.23	0.15	0.15	0.38	0.31	0.29	0.06	0.35
5	4-07-0272	高粱	86.0	9.0	0.33	0.18	0.35	1.08	0.18	0.17	0.12	0.45	0.32	0.26	0.08	0.44
6	4-07-0270	小麦	87.0	13.9	0.58	0.27	0.44	0.80	0.30	0.25	0.24	0.58	0.37	0.33	0.15	0.56
7	4-07-0274	大麦(裸)	87.0	13.0	0.64	0.16	0.43	0.87	0.44	0.14	0.25	0.68	0.40	0.43	0.16	0.63
8	4-07-0277	大麦(皮)	87.0	11.0	0.65	0.24	0.52	0.91	0.42	0.18	0.18	0.59	0.35	0.41	0.12	0.64
9	4-07-0281	黑麦	88.0	11.0	0.50	0.25	0.40	0.64	0.37	0.16	0.25	0.49	0.26	0.34	0.12	0.52
10	4-07-0273	稻谷	86.0	7.8	0.57	0.15	0.32	0.58	0.29	0.19	0.16	0.40	0.37	0.25	0.10	0.47
11	4-07-0276	糙米	87.0	8.8	0.65	0.17	0.30	0.61	0.32	0.20	0.14	0.35	0.31	0.28	0.12	0.49
12	4-07-0275	碎米	88.0	10.4	0.78	0.27	0.39	0.74	0.42	0.22	0.17	0.49	0.39	0.38	0.12	0.57
13	4-07-0479	粟(谷子)	86.5	9.7	0.30	0.20	0.36	1.15	0.15	0.25	0.20	0.49	0.26	0.35	0.17	0.42
14	4-04-0067	木薯干	87.0	2.5	0.40	0.05	0.11	0.15	0.13	0.05	0.04	0.10	0.04	0.10	0.03	0.13

续附表 2(15)

序号	中国饲料号(CFN)	饲料名称	干物质(%)	粗蛋白质(%)	精氨酸(%)	组氨酸(%)	异亮氨酸(%)	亮氨酸(%)	赖氨酸(%)	蛋氨酸(%)	胱氨酸(%)	苯丙氨酸(%)	酪氨酸(%)	苏氨酸(%)	色氨酸(%)	缬氨酸(%)
15	4-04-0068	甘薯	87.0	4.0	0.16	0.08	0.17	0.26	0.16	0.06	0.08	0.19	0.13	0.18	0.05	0.27
16	4-08-0104	次粉	88.0	15.4	0.86	0.41	0.55	1.06	0.59	0.23	0.37	0.66	0.46	0.50	0.21	0.72
17	4-08-0105	次粉	87.0	13.6	0.85	0.33	0.48	0.98	0.52	0.16	0.33	0.63	0.45	0.50	0.18	0.68
18	4-08-0069	小麦麸	87.0	15.7	0.97	0.39	0.46	0.81	0.58	0.13	0.26	0.58	0.28	0.43	0.20	0.63
19	4-08-0070	小麦麸	87.0	14.3	0.88	0.35	0.42	0.74	0.53	0.12	0.24	0.53	0.25	0.39	0.18	0.57
20	4-08-0041	米糠	87.0	12.8	1.06	0.39	0.63	1.00	0.74	0.25	0.19	0.63	0.50	0.48	0.14	0.81
21	4-10-0025	米糠饼	88.0	14.7	1.19	0.43	0.72	1.06	0.66	0.26	0.30	0.76	0.51	0.53	0.15	0.99
22	4-10-0018	米糠粕	87.0	15.1	1.28	0.46	0.78	1.30	0.72	0.28	0.32	0.82	0.55	0.57	0.17	1.07
23	5-09-0127	大豆	87.0	35.5	2.57	0.59	1.28	2.72	2.20	0.56	0.70	1.42	0.64	1.41	0.45	1.50
24	5-09-0128	全脂大豆	88.0	35.5	2.63	0.63	1.32	2.68	2.37	0.55	0.76	1.39	0.67	1.42	0.49	1.53
25	5-10-0241	大豆饼	89.0	41.8	2.53	1.10	1.57	2.75	2.43	0.60	0.62	1.79	1.53	1.44	0.64	1.70
26	5-10-0103	大豆粕	89.0	47.9	3.67	1.36	2.05	3.74	2.87	0.67	0.73	2.52	1.69	1.93	0.69	2.15
27	5-10-0102	大豆粕	89.0	44.0	3.19	1.09	1.80	3.26	2.66	0.62	0.68	2.23	1.57	1.92	0.64	1.99
28	5-10-0118	棉籽饼	88.0	36.3	3.94	0.90	1.16	2.07	1.40	0.41	0.70	1.88	0.95	1.14	0.39	1.51
29	5-10-0119	棉籽粕	88.0	47.0	4.98	1.26	1.40	2.67	2.13	0.56	0.66	2.43	1.11	1.35	0.54	2.05

续附表 2(15)

序号	中国饲料号(CFN)	饲料名称	干物质(%)	粗蛋白质(%)	精氨酸(%)	组氨酸(%)	异亮氨酸(%)	亮氨酸(%)	赖氨酸(%)	蛋氨酸(%)	胱氨酸(%)	苯丙氨酸(%)	酪氨酸(%)	苏氨酸(%)	色氨酸(%)	缬氨酸(%)
30	5-10-0117	棉籽粕	90.0	43.5	4.65	1.19	1.29	2.47	1.97	0.58	0.68	2.28	1.05	1.25	0.51	1.91
31	5-10-0183	菜籽饼	88.0	35.7	1.82	0.83	1.24	2.26	1.33	0.60	0.82	1.35	0.92	1.40	0.42	1.62
32	5-10-0121	菜籽粕	88.0	38.6	1.83	0.86	1.29	2.34	1.30	0.63	0.87	1.45	0.97	1.49	0.43	1.74
33	5-10-0116	花生仁饼	88.0	44.7	4.60	0.83	1.18	2.36	1.32	0.39	0.38	1.81	1.31	1.05	0.42	1.28
34	5-10-0115	花生仁粕	88.0	47.8	4.88	0.88	1.25	2.50	1.40	0.41	0.40	1.92	1.39	1.11	0.45	1.36
35	5-10-0031	向日葵仁饼	88.0	29.0	2.44	0.62	1.19	1.76	0.96	0.59	0.43	1.21	0.77	0.98	0.28	1.35
36	5-10-0242	向日葵仁粕	88.0	36.5	3.17	0.81	1.51	2.25	1.22	0.72	0.62	1.56	0.99	1.25	0.47	1.72
37	5-10-0243	向日葵仁粕	88.0	33.6	2.89	0.74	1.39	2.07	1.13	0.69	0.50	1.43	0.91	1.14	0.37	1.58
38	5-10-0119	亚麻仁饼	88.0	32.2	2.35	0.51	1.15	1.62	0.73	0.46	0.48	1.32	0.50	1.00	0.48	1.44
39	5-10-0120	亚麻仁粕	88.0	34.8	3.59	0.64	1.33	1.85	1.16	0.55	0.55	1.51	0.93	1.10	0.70	1.51
40	5-10-0246	芝麻饼	92.0	39.2	2.38	0.81	1.42	2.52	0.82	0.82	0.75	1.68	1.02	1.29	0.49	1.84
41	5-11-0001	玉米蛋白粉	90.1	63.5	1.90	1.18	2.85	11.59	0.97	1.42	0.96	4.10	3.19	2.08	0.36	2.98
42	5-11-0002	玉米蛋白粉	91.2	51.3	1.48	0.89	1.75	7.87	0.92	1.14	0.76	2.83	2.25	1.59	0.31	2.05
43	5-11-0008	玉米蛋白粉	89.9	44.3	1.31	0.78	1.63	7.08	0.71	1.04	0.65	2.61	2.03	1.38	—	1.84
44	5-11-0003	玉米蛋白饲料	88.0	19.3	0.77	0.56	0.62	1.82	0.63	0.29	0.33	0.70	0.50	0.68	0.14	0.93

续附表 2(15)

序号	中国饲料号(CFN)	饲料名称	干物质(%)	粗蛋白质(%)	精氨酸(%)	组氨酸(%)	异亮氨酸(%)	亮氨酸(%)	赖氨酸(%)	蛋氨酸(%)	胱氨酸(%)	苯丙氨酸(%)	酪氨酸(%)	苏氨酸(%)	色氨酸(%)	缬氨酸(%)
45	4-10-0026	玉米胚芽饼	90.0	16.7	1.16	0.45	0.53	1.25	0.70	0.31	0.47	0.64	0.54	0.64	0.16	0.91
46	4-10-0244	玉米胚芽粕	90.0	20.8	1.51	0.62	0.77	1.54	0.75	0.21	0.28	0.93	0.66	0.68	0.18	1.66
47	5-11-0007	DDGS	90.0	28.3	0.98	0.59	0.98	2.63	0.59	0.59	0.39	1.93	1.37	0.92	0.19	1.30
48	5-11-0009	蚕豆粉浆蛋白粉	88.0	66.3	5.96	1.66	2.90	5.88	4.44	0.60	0.57	3.34	2.21	2.31	—	3.20
49	5-11-0004	麦芽根	89.7	28.3	1.22	0.54	1.08	1.58	1.30	0.37	0.26	0.85	0.67	0.96	0.42	1.44
50	5-13-0044	鱼粉	90.0	64.5	3.91	1.75	2.68	4.99	5.22	1.71	0.58	2.71	2.13	2.87	0.78	3.25
51	5-13-0045	鱼粉	90.0	62.5	3.86	1.83	2.79	5.06	5.12	1.66	0.55	2.67	2.01	2.78	0.75	3.14
52	5-13-0046	鱼粉	90.0	60.2	3.57	1.71	2.68	4.80	4.72	1.64	0.52	2.35	1.96	2.57	0.70	3.17
53	5-13-0077	鱼粉	90.0	53.5	3.24	1.29	2.30	4.30	3.87	1.39	0.49	2.22	1.70	2.51	0.60	2.77
54	5-13-0036	血粉	88.0	82.8	2.99	4.40	0.75	8.38	6.67	0.74	0.98	5.23	2.55	2.86	1.11	6.08
55	5-13-0037	羽毛粉	88.0	77.9	5.30	0.58	4.21	6.78	1.65	0.59	2.93	3.57	1.79	3.51	0.40	6.05
56	5-13-0038	皮革粉	88.0	74.7	4.45	0.40	1.06	2.53	2.18	0.80	0.16	1.56	0.63	0.71	0.50	1.91
57	5-13-0047	肉骨粉	93.0	50.0	3.35	0.96	1.70	3.20	2.60	0.67	0.33	1.70	—	1.63	0.26	2.25

续附表 2(15)

序号	中国饲料号(CFN)	饲料名称	干物质(%)	粗蛋白质(%)	精氨酸(%)	组氨酸(%)	异亮氨酸(%)	亮氨酸(%)	赖氨酸(%)	蛋氨酸(%)	胱氨酸(%)	苯丙氨酸(%)	酪氨酸(%)	苏氨酸(%)	色氨酸(%)	缬氨酸(%)
58	5-13-0048	肉粉	94.0	54.0	3.60	1.14	1.60	3.84	3.07	0.80	0.60	2.17	1.40	1.97	0.35	2.66
59	1-05-0074	苜蓿草粉(CP19%)	87.0	19.1	0.78	0.39	0.68	1.20	0.82	0.21	0.22	0.82	0.58	0.74	0.43	0.91
60	1-05-0075	苜蓿草粉(CP17%)	87.0	17.2	0.74	0.32	0.66	1.10	0.81	0.20	0.16	0.81	0.54	0.69	0.37	0.85
61	1-05-0076	苜蓿草粉(CP14%~15%)	87.0	14.3	0.61	0.19	0.58	1.00	0.60	0.18	0.15	0.59	0.38	0.45	0.24	0.58
62	5-11-0005	啤酒糟	88.0	24.3	0.98	0.51	1.18	1.08	0.72	0.52	0.35	2.35	1.17	0.81	—	1.66
63	7-15-0001	啤酒酵母	91.7	52.4	2.67	1.11	2.85	4.76	3.38	0.83	0.50	4.07	0.12	2.33	2.08	3.40
64	4-13-0075	乳清粉	94.0	12.0	0.40	0.20	0.90	1.20	1.10	0.20	0.30	0.40	—	0.80	0.20	0.70
65	5-01-0162	酪蛋白	91.0	88.7	3.26	2.82	4.66	8.79	7.35	2.70	0.41	4.79	4.77	3.98	1.14	6.10
66	5-14-0503	明胶	90.0	88.6	6.60	0.66	1.42	2.91	3.62	0.76	0.12	1.74	0.43	1.82	0.05	2.26
67	4-06-0076	牛奶乳糖	96.0	4.0	0.29	0.10	0.10	0.18	0.16	0.03	0.04	0.10	0.02	0.10	0.10	0.10

注:“—”表示未测值

附表 3(17)　鸡用饲料氨基酸表观利用率

序号	中国饲料号(CFN)	饲料名称	干物质(%)	粗蛋白质(%)	精氨酸(%)	组氨酸(%)	异亮氨酸(%)	亮氨酸(%)	赖氨酸(%)	蛋氨酸(%)	胱氨酸(%)	苯丙氨酸(%)	酪氨酸(%)	苏氨酸(%)	色氨酸(%)	缬氨酸(%)
1	4-07-0279	玉米	86.0	8.7	93	92	91	95	82	93	82	94	93	85	90	89
2	0-07-0272	高粱，单宁<0.5	86.0	9.0	93	87	95	95	92	92	80	95	94	92	95	93
3	4-07-0270	小麦	87.0	13.9	—	—	—	—	76	87	78	—	—	74	84	—
4	4-07-0274	大麦(裸)	87.0	13.0	—	—	—	—	70	71	75	—	—	67	75	—
5	4-07-0277	大麦(皮)	87.0	11.0	—	—	—	—	71	76	78	—	—	70	80	—
6	4-07-0281	黑麦	88.0	11.0	90	90	88	88	84	89	82	90	90	85	—	90
7	4-07-0276	糙米	87.0	8.8	—	—	—	—	83	86	82	—	—	81	86	—
8	4-08-0104	次粉	88.0	15.4	—	—	—	—	90	93	88	—	—	89	92	—
9	4-08-0069	小麦麸	87.0	15.7	—	—	—	—	73	64	71	—	—	70	77	—
10	4-08-0041	米糠	87.0	12.8	—	—	—	—	75	78	74	—	—	68	72	—
11	5-10-0241	大豆饼	87.0	40.9	—	—	—	—	77	72	60	—	—	74	—	—
12	5-10-0103	大豆粕	89.0	47.9	—	—	—	—	90	93	88	—	—	89	92	—
13	5-10-0102	大豆粕	87.0	44.0	—	—	—	—	87	87	83	—	—	86	—	—

续附表 3(17)

序号	中国饲料号(CFN)	饲料名称	干物质(%)	粗蛋白质(%)	精氨酸(%)	组氨酸(%)	异亮氨酸(%)	亮氨酸(%)	赖氨酸(%)	蛋氨酸(%)	胱氨酸(%)	苯丙氨酸(%)	酪氨酸(%)	苏氨酸(%)	色氨酸(%)	缬氨酸(%)
14	5-10-0118	棉籽饼	88.0	36.3	90	—	61	77	82	75	57	77	86	71	—	74
15	5-10-0119	棉籽粕	88.0	47.0	—	—	—	—	61	71	63	—	—	71	75	—
16	5-10-0183	菜籽饼	88.0	35.7	91	91	83	87	77	88	70	87	86	81	—	72
17	5-10-0121	菜籽粕	88.0	38.6	89	92	85	88	79	87	75	88	86	82	57	83
18	5-10-0115	花生仁粕	88.0	47.8	—	—	—	—	78	84	75	—	—	83	85	—
19	5-10-0242	向日葵仁粕	88.0	36.5	92	87	84	83	76	90	65	86	80	74	—	79
20	5-10-0243	向日葵仁粕	88.0	33.6	92	87	84	83	76	90	65	86	80	74	—	79
21	5-10-0246	芝麻饼	92.0	39.2	—	—	—	—	25	80	65	—	—	54	65	—
22	5-11-0003	玉米蛋白饲料	88.0	19.3	—	—	—	—	79	90	74	—	—	80	72	—
23	5-13-0044	鱼粉(CP 64.5%)	90.0	64.5	88	94	86	89	86	88	62	85	84	87	81	86
24	5-13-0037	羽毛粉	88.0	77.9	—	—	—	—	63	71	55	—	—	69	72	—
25	1-05-0074	苜蓿草粉(CP19%)	87.0	19.1	—	—	—	—	59	65	58	—	—	65	72	—

注:“—”表示未测值

附表 4 (18)　常用矿物质饲料中矿物元素的含量

序号	中国饲料号(CFN)	饲料名称	化学分子式	钙(%)[a]	磷(%)	磷利用率(%)[b]	钠(%)	氯(%)	钾(%)	镁(%)	硫(%)	铁(%)	锰(%)
01	6-14-0001	碳酸钙,饲料级轻质	$CaCO_3$	38.42	0.02	—	0.08	0.02	0.08	1.610	0.08	0.06	0.02
02	6-14-0002	磷酸氢钙,无水	$CaHPO_4$	29.60	22.77	95～100	0.18	0.47	0.15	0.800	0.80	0.79	0.14
03	6-14-0003	磷酸氢钙,2个结晶水	$CaHPO_4 \cdot 2H_2O$	23.29	18.00	95～100	—	—	—	—	—	—	—
04	6-14-0004	磷酸二氢钙	$Ca(H_2PO_4)_2 \cdot H_2O$	15.90	24.58	100	0.20	—	0.16	0.900	0.80	0.75	0.01
05	6-14-0005	磷酸三钙	$Ca_3(PO_4)_2$	38.76	20.0	—	—	—	—	—	—	—	—
06	6-14-0006	石粉[c],石灰石,方解石等		35.84	0.01	—	0.06	0.02	0.11	2.060	0.04	0.35	0.02
07	6-14-0007	骨粉,脱脂		29.80	12.50	80～90	0.04	—	0.20	0.300	2.40	—	0.03
08	6-14-0008	贝壳粉		32～35	—	—	—	—	—	—	—	—	—
09	6-14-0009	蛋壳粉		30～40	0.1～0.4	—	—	—	—	—	—	—	—
10	6-14-0010	磷酸氢铵	$(NH_4)_2HPO_4$	0.35	23.48	100	0.20	—	0.16	0.750	1.50	0.41	0.01
11	6-14-0011	磷酸二氢铵	$(NH_4)H_2PO_4$	—	26.93	100	—	—	—	—	—	—	—
12	6-14-0012	磷酸氢二钠	Na_2HPO_4	0.09	21.82	100	31.04	—	—	—	—	—	—

续附表 4 (18)

序号	中国饲料号 (CFN)	饲料名称	化学分子式	钙 (%)[a]	磷 (%)	磷利用率 (%)[b]	钠 (%)	氯 (%)	钾 (%)	镁 (%)	硫 (%)	铁 (%)	锰 (%)
13	6-14-0013	磷酸二氢钠	NaH_2PO_4	—	25.81	100	19.17	0.02	0.01	0.010	—	—	—
14	6-14-0014	碳酸钠	Na_2CO_3	—	—	—	43.30	—	—	—	—	—	—
15	6-14-0015	碳酸氢钠	$NaHCO_3$	0.01	—	—	27.00	—	0.01	—	—	—	—
16	6-14-0016	氯化钠	$NaCl$	0.30	—	—	39.50	59.00	—	0.005	0.20	0.01	—
17	6-14-0017	氯化镁,6 个结晶水	$MgCl_2 \cdot 6H_2O$	—	—	—	—	—	—	11.950	—	—	—
18	6-14-0018	碳酸镁	$MgCO_3 \cdot Mg(OH)_2$	0.02	—	—	—	—	—	34.000	—	—	0.01
19	6-14-0019	氧化镁	MgO	1.69	—	—	—	—	0.02	55.000	0.10	1.06	—
20	6-14-0020	硫酸镁,7 个结晶水	$MgSO_4 \cdot 7H_2O$	0.02	—	—	—	0.01	—	9.860	13.01	—	—
21	6-14-0021	氯化钾	KCl	0.05	—	—	1.00	47.56	52.44	0.230	0.32	0.06	0.001
22	6-14-0022	硫酸钾	K_2SO_4	0.15	—	—	0.09	1.50	44.87	0.600	18.40	0.07	0.001

注 1. 数据来源:《中国饲料学》(2000,张子仪主编),《猪营养需要》(NRC,1998)

2. 饲料中使用的矿物质添加剂一般不是化学纯化合物,其组成成分的变化较大。如果能得到,一般应采用原料供给商的分析结果。例如,饲料级的硫酸氢钙原料中往往含有一些磷酸二氢钙,而磷酸二氢钙中含有一些磷酸氢钙

a 在大多数来源的磷酸氢钙、磷酸二氢钙、磷酸三钙、脱氟磷酸钙、碳酸钙、硫酸钙和方解石石粉中,估计钙的生物学利用率为 90%~100%,在高镁含量的石粉或白云石石粉中,钙的生物学效价较低,为 50%~80%

b 生物效价估计值通常以相当于磷酸氢钠或磷酸氢钙中磷的生物学效价表示

c 大多数方解石石粉含有高于表中所示的钙和低于表中所示的镁,"—"表示数据不详

主要参考文献

蔡辉益,齐广海,刁其玉,等. 常用饲料添加剂无公害使用技术[M]. 北京:中国农业出版社,2003.

蔡辉益,文 杰,齐广海,杨禄良主译,STEVEN LEESON,JOHN D. SUMMERS著. 鸡的营养,第4版(中译本)[M]. 北京:中国农业科学技术出版社,2007.

农业部全国饲料工作办公室,中国饲料工业协会,全国饲料标准化技术委员会,等. 饲料工业标准汇编,2002～2006[M]. 北京:中国标准出版社,2006.

房振伟,赵永国. 肉鸡标准化饲养新技术[M]. 北京:中国农业出版社,2005.

呙于明,丁角立,吴建设,等. 家禽营养与饲料[M]. 北京:中国农业出版社,1997

韩友文. 巧用MS-Excel软件计算最低成本饲料配方[J]饲料博览2000增刊(动物营养与饲料科学研究文集),33-37.

郝正里,王小阳,张容昶,等. 畜禽营养与标准化饲养[M]. 北京:金盾出版社,2004.

郝正里,王小阳. 鸡饲料科学配制与应用[M]. 北京:金盾出版社,2005.

何洪敏. 最佳营养规格的配方技术及其应用分析[J]. 饲料工业2001(11):42-45.

李德发,谯士彦,龚利敏,等. 现代饲料生产[M]. 北京:中国农业大学出版社,1997.

李勇,万熙卿. 饲料添加剂使用与鉴别技术[M]. 北京:中国农业大学出版社,1998.

刘宗平，王捍东，王凯，等．现代动物代谢病学[M]．化学工业出版社，2003.

农业部全国饲料工作办公室，中国饲料工业协会，全国饲料标准化技术委员会，等. 饲料工业标准汇编. 200～2006[M]. 北京：中国标准出版社，2006.

农业部畜牧兽医局（全国饲料工业办公室等单位）．饲料工业标准汇编[M]．北京：中国标准出版社，2002.

王九峰，李同洲主译，[英]PMcDonald.，RAEdwards，JFGreenhalgh 等编著．动物营养学，第 6 版（中译本）[M]．北京：中国农业大学出版社，2007.

王立阁，韩行敏．无公害畜产品生产技术[M]．北京：中国计量出版社，2003.

王小阳，郝正里，蔡应奎．怎样提高养蛋鸡效益[M]．北京：金盾出版社，2004.

王小阳主编．养鸡手册[M]．甘肃人民出版社，1984.

杨振海，蔡辉益，佟建明，等．饲料添加剂安全使用规范[M]．北京：中国农业出版社，2003.

余家宝．使用 Microsoft Excel 尝试计算饲料配方．饲料研究 2003(9)：38-39.

张宏福，张子仪．动物营养参数与饲养标准[M]。北京：中国农业出版社，1998.

张子仪，苏加楷，冯仰廉，等．中国饲料学[M]．北京：中国农业出版社，2000.

中国农业科学院，中国动物营养研究会．中国饲料成分及营养价值表[M]．北京：农业出版社，1985.

中华人民共和国农牧渔业部．中华人民共和国专业标准　鸡的饲养标准 ZB—86.

中华人民共和国农业部．中华人民共和国农业行业标准　鸡饲养标准 NY/T 33—2004.

周毓平译,M. L. Scott,等著. 鸡的营养[M]. 北京:北京农业大学出版社,1989.